完全图解 零基础涂饰涂装超简单精通

彭瑾诚　编著

化学工业出版社
·北京·

内容简介

本书以“便携、速查”为出发点，全面呈现了装饰装修过程中涂饰与涂装工作的关键知识点与一系列简洁、高效的操作技能。主要内容包括：涂饰涂装基础知识，涂饰涂装材料识别与选购，涂饰涂装工具与设备，传统工艺涂饰涂装方法，现代工艺涂饰涂装方法，涂饰涂装质量与防治，以及涂饰涂装安全与卫生知识等。同时，本书采用四色印刷，辅以大量生动案例和图片，旨在提升读者视觉体验并加深理解。

全书具有由浅入深、循序渐进、通俗易懂、实操性强的特点。无论是资深专业人士，还是初学者，都能通过本书快速掌握涂饰涂装的关键要点和实用技巧，还可为职业院校或培训学校相关专业的在校师生提供有益帮助。

图书在版编目（CIP）数据

完全图解：零基础涂饰涂装超简单精通 / 彭瑾诚编著. -- 北京：化学工业出版社，2026. 1. -- ISBN 978-7-122-49712-3

Ⅰ. TQ639-64

中国国家版本馆CIP数据核字第2026GM4496号

责任编辑：朱　彤　　文字编辑：沙　静　张瑞霞
责任校对：刘　一　　装帧设计：梧桐影

出版发行：化学工业出版社
（北京市东城区青年湖南街13号　邮政编码100011）
印　　装：北京宝隆世纪印刷有限公司
787mm×1092mm　1/16　印张$11\frac{3}{4}$　字数270千字
2026年2月北京第1版第1次印刷

购书咨询：010-64518888　　售后服务：010-64518899
网　　址：http://www.cip.com.cn
凡购买本书，如有缺损质量问题，本社销售中心负责调换。

定　　价：85.00元

涂饰涂装常被视为装饰装修工程的最终阶段，其施工流程通常分为基础工程与饰面施工两个阶段。随着技术的不断发展，涂饰涂装的施工工艺也在不断更新，新型技术和工艺不断涌现。但这些新技术的应用必须经过市场的充分验证，以确保施工过程的安全性和工艺的耐久性。

为了满足当前读者的实际需求，本书系统地介绍了装修过程中涂饰与涂装工作的关键知识与操作技能。作者在分析和总结近年来涂饰涂装施工实践经验的基础上，归纳出一系列简洁、高效的施工方法，并通过本书将这些知识传授给读者，以回馈社会。例如，在装修过程中或完成后，往往会面临各种施工挑战，如传统工艺中的涂饰涂装方法、古典风格建筑的涂饰涂装等施工问题，这些问题都要求读者掌握更系统、更完善的现代涂饰与涂装技术。装饰装修的质量在很大程度上取决于施工人员的专业素质与技能水平，因此本书也着重强调了实践操作的重要性。

本书围绕读者关心的问题进行了全面阐述，并提供了详尽解答。书中采用现场实景图片配合文字说明，图文并茂地介绍了涂饰工具的运用、材料的辨识与选购、施工的步骤与技巧等实用技术指导，帮助读者快速掌握涂饰设计与施工的要领，实现快速入门、快速学习、快速实践的目标。本书力求成为一本贴近实际、内容全面的实用指南。

此外，作者凭借丰富的实践经验，向读者提供了宝贵的第一手资料并传授了实用技术知识。不仅对施工细节进行了深入剖析，还对每个环节展开了详尽阐释，并辅以清晰的文字注释，通过图文结合的方式有效提升了阅读的趣味性。相较于市场上同类书籍，本书在内容深度与实用性方面更具优势。本书由彭瑾诚编著。参与本书其他工作的人员还有万丹、张慧娟、汤留泉、杨小云。

由于时间和水平有限，不足之处在所难免，恳请广大读者不吝赐教，提出宝贵的批评与建议。

编著者
2025年5月

第5章 现代工艺涂饰涂装方法

第6章 涂饰涂装质量与防治

第7章 涂饰涂装安全与卫生知识

第1章

涂饰涂装基础知识

操作难度： ★★☆☆☆

核心概念： 涂料组成、品种、用途、检验方法、成本核算、报价、施工管理

章节导读： 涂料是指一类能够涂布于物体表面，并形成具有保护、装饰或特殊功能的固态涂膜的液体或固体材料的统称。涂饰涂装是将涂料涂覆于基底表面，形成具有防护、装饰或功能作用的涂层的过程。早期的涂料主要以天然油脂和天然树脂为成膜物质。随着石油化工和有机合成技术的发展，新型涂料不断涌现。当前，许多涂料产品以合成树脂及其乳液、无机硅酸盐和硅溶胶为主要成膜物质。建筑装饰涂料色彩丰富，可满足多样化的装饰需求，并能在建筑装饰材料表面形成连续涂膜，起到防护作用并增强视觉美感。建筑装饰涂料广泛应用于室内外墙面及其他建筑构件的装饰和保护，见图1-1。

图1-1　建筑装饰涂料

1.1 初步认识涂饰涂装

1.1.1 什么是涂料

（一）含义

涂料与油漆是两个相关但有明显区别的概念。涂料是一个涵盖范围更广的概念，是指能在物体表面形成连续固态薄膜的一类材料，例如水性涂料、粉末涂料等。而油漆则是涂料中的传统类别之一，通常指液态形式的涂料。早期的油漆多以桐油、生漆等天然材料作为主要成膜物质，而现代油漆则主要采用高分子合成树脂作为成膜基料，并辅以溶剂、助剂和颜料等。

在建筑和装饰中，涂料不仅承担着保护结构的功能，还具有美化和标识的作用。建筑室内墙面通常使用乳胶涂料，这种经济实用的涂料能快速覆盖墙面，赋予室内空间平整美观的效果，见图1-2（a）。环氧地坪涂料常用于生产车间，因其具备优异的耐磨性能，且通过丰富的色彩能够实现区域划分，见图1-2（b）。

（a）建筑室内装饰乳胶涂料　　（b）环氧地坪涂料

图1-2　涂料装饰效果

（二）功能

（1）保护功能　涂料通过在物体表面形成保护膜，表现出良好的抗腐蚀、防水、防油、耐光和耐温等性能，从而有效延长材料的使用寿命。

（2）装饰功能　涂料可以通过丰富的颜色、光泽和图案选择，以及对物体表面平整度的改善，实现多样化的视觉效果，从而提升建筑空间的美观性。

（3）其他功能　现代涂料还具有标识（标记）、防污、绝缘等多种附加功能，部分特种涂料甚至具备防霉、杀菌、驱虫和防静电等特殊性能。

1.1.2 涂料的组成与性能

（一）涂料的组成

涂料主要由四类成分组成：颜料（包括着色颜料和体质颜料）、成膜物质（如树脂和乳液）、溶剂以及各类添加剂（也称助剂），见图1-3。涂料的主要成分为树脂、油脂或乳液，根据需要可加入颜料和填料；同时，添加适量助剂，并以有机溶剂或水为稀释介质进行调配，最终形成具有一定黏度的均匀流体。

图1-3 涂料组成

涂料成分的具体比例通常根据性能需求进行调整，例如，清漆中不含或仅含少量颜料和填料，而粉末涂料则不含溶剂。颜料是赋予涂料颜色的主要成分，同时对涂层的遮盖力和耐候性也有一定影响。成膜物质是决定涂料性能的核心组分之一，能够使颜料颗粒牢固附着于物体表面。溶剂用于调节涂料黏度，改善施工性能，尤其在液体涂料中起到重要作用。

（1）颜料 颜料可分为两大类：一类是着色颜料，如钛白粉、铬黄等；另一类是体质颜料，这类颜料通常称为填料，主要包括碳酸钙、滑石粉等，主要用于增加体积、降低成本，并有助于改善涂膜的力学性能和加工性能。

（2）成膜物质 成膜物质主要包括油脂及其加工产物、纤维素衍生物、天然树脂与合成树脂、合成乳液等，也包含部分不挥发的活性稀释剂。这些物质共同作用，使涂料能够附着于被涂物表面并形成连续、均匀的涂膜。成膜物质是涂料的主要成膜组分之一，对涂料的物理性能、化学稳定性和施工性能具有决定性影响。

（3）溶剂 溶剂种类繁多，主要包括脂肪烃类（如矿物油、煤油）、芳香烃类（如苯、甲苯、二甲苯），以及醇类、醚类、酮类和酯类等有机溶剂。这些溶剂的主要作用是将成膜物质溶解或稀释，调节涂料黏度至适宜施工的状态，并在一定程度上影响涂膜的流平性、干燥速度和表面质量。

（4）添加剂（也称助剂） 通常不参与成膜过程，同时其添加量一般较少。然而，这些助剂对涂膜形成过程以及涂膜的耐久性具有重要影响，起到不可或缺的作用。

（二）涂料的性能

涂料的整体性能可分为两个方面：一是涂料固有的属性；二是施工完成后形成的涂层特性。这两方面共同影响涂料在实际应用中的性能表现。

（1）施工前涂料本身具备的性能

①涂料应具有良好的储存稳定性和低温稳定性。在储存或应用过程中，应保持固体颗粒的悬浮状态，避免出现分层、沉淀或结块等现象，以确保涂层质量的一致性。

②涂料不仅应具有良好的性能一致性和颜色均匀性，还应具备优异的抗裂性以及良好的储存稳定性，这些都是高品质涂料的重要特征。

③涂料应具有良好的流动性，避免在施工过程中黏附或带入砂粒。涂刷完成后，涂料应能自行流平，不留刷痕，并且在垂直表面上不应出现流挂现象。

④涂料在搅拌、稀释及施工等环节中，应确保对人体和环境无害，符合安全使用要求。

（2）施工后装饰涂层应具备的性能

①涂料在干燥或硬化过程中不开裂、不起鼓，并与基层附着牢固。

②应具有良好的耐碱性、耐水性和抗冲击性，能有效防止水分渗透。

③表面不易被污染，即使受到污染也易于清洁，且不会对相邻物体造成污染。

④具备良好的耐冻融性、透气性和防结露性能，以适应复杂环境。

⑤某些特种涂料可根据用途具备防火、防腐、防霉等特殊功能。

涂料呈液态且具有适当的黏度，涂装速度快，能够均匀覆盖各类基材表面，见图1-4。涂料具备一定的渗透性，有助于增强涂层与基材之间的附着力，从而提高涂膜的耐久性，减少脱落风险，见图1-5。

图1-4　涂料状态

图1-5　涂料的渗透性

1.1.3　常用涂料品种与用途

根据涂覆对象的不同部位，可以将涂料分为墙面（用）涂料、木制品专用涂料以及金属表面涂料三大类。墙面涂料主要包括乳胶涂料等类别；木制品专用涂料则包括硝基涂料、聚氨酯涂料等多种类型；金属表面处理则常用磁漆。常见商品涂料品种及其应用见表1-1。

表1-1　常见商品涂料品种及其应用

品种	说明	主要用途	图例
醇酸涂料	以醇酸树脂为主要成分，成本低、施工简便，对施工环境的要求不苛刻，并且其所形成的涂膜具有丰满坚硬的质感，具有良好的耐久性、耐候性，以及出色的装饰性和保护性	用于一般木器、家具及家庭装修，一般金属装饰，仪表、工业设备的涂装等	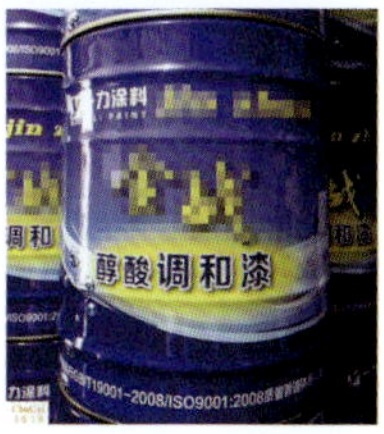
溶剂型丙烯酸涂料	分为自干型丙烯酸涂料（热塑型）和交联固化型丙烯酸涂料（热固型），前者属于非转化型涂料，后者属于转化型涂料	用于汽车、家具、电器，还适用于塑料、电子、建筑、地坪涂装等领域	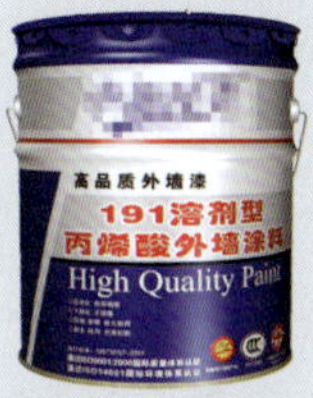
丙烯酸乳胶涂料	由丙烯酸类乳液、颜料和填料、水、助剂等组成，具有成本适中、耐候性优良、性能可调性强、几乎无有机溶剂释放等优点	用于内外墙涂装、皮革涂装、木制家具涂装、地坪涂装	
聚氨酯涂料	漆膜强韧，光泽丰满，附着力强，耐水耐磨、耐腐蚀性佳，其清漆品种被称为聚氨酯清漆	用于高级木制家具、装修领域，以及金属防腐、化学防腐等，还可作为绝缘涂料、仪器仪表的涂装	
硝基涂料	由硝化棉、醇酸树脂、增塑剂及有机溶剂调制而成，属于挥发性涂料，具有干燥速度快、光泽柔和等特点	用于木器及家具的涂装、家庭装修、一般装饰涂装、金属涂装、一般水泥涂装等领域	
氨基涂料	除特定品种如木器涂料的酸固化漆外，大部分氨基涂料需要通过加热进行固化；固化后漆膜展现出优异的性能，坚硬且丰满，光泽鲜艳，并且具备持久稳固的防护和装饰效果，对涂装设备的要求相对较高	用于汽车面漆，以及电器、仪器仪表、木制家具、金属防护等涂装	

续表

品种	说明	主要用途	图例
聚酯涂料	漆膜厚实，对涂装温度要求宽松，漆膜不仅具有良好的装饰效果，还表现出坚韧、耐磨的特性，便于日常维护	用于家具、木制地板涂装、金属防腐等领域	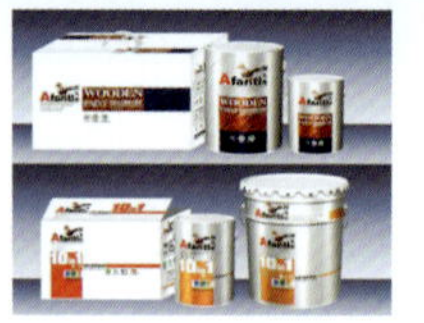
环氧涂料	由环氧树脂和固化剂组合而成，对水泥和金属具有强大的附着力，其对施工环境的要求较为严格，在低温条件下的固化速度较慢。许多环氧涂料品种还需要高温固化，会导致涂装设备投入增加	用于地坪涂装，以及汽车底漆、金属防腐、化学防腐等领域	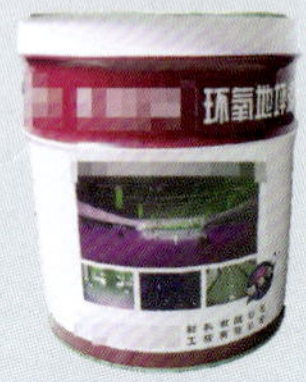
酚醛涂料	由酚类与醛类化合物缩合反应生成，干燥速度快，漆膜光泽度高、硬度高，具有优异的耐水性和化学稳定性；但易于黄变，不宜用于浅色涂料，耐候性较差	用于防腐涂料、绝缘涂料、一般金属涂料、一般装饰性涂料等领域	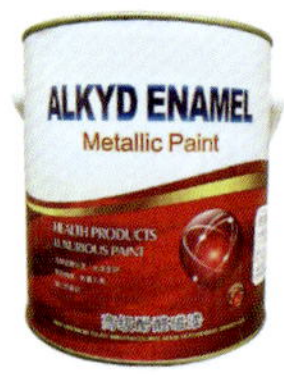
乙烯基涂料	具有出色的化学稳定性、耐水性、绝缘性、防霉性及优异的柔韧性，但在耐热性、高固体含量涂料制备、力学性能及装饰效果等方面存在一定的局限性	用于工业防腐涂料、电绝缘涂料、磷化底漆、金属涂料、外用涂料等领域	

1.1.4 涂料中的有毒有害物质

涂料生产与使用应符合《木器涂料中有害物质限量》（GB 18581—2020）、《建筑用墙面涂料中有害物质限量》（GB 18582—2020）、《民用建筑工程室内环境污染控制标准》（GB 50325—2020）中的有关规定。

涂料中常见的有害物质如苯、甲醛、二甲苯等挥发性有机物，以及铅、镉、铬等重金属，长期接触可能会引发多种健康问题。

（1）苯 苯对人体健康具有显著毒性。在高浓度暴露下，该化合物能麻醉神经系统，并对造血组织产生刺激，可能会导致白细胞及血小板计数下降，进而增加患白血病的风险。

（2）重金属 重金属主要混溶于各类色漆中。过量摄入重金属可能会导致慢性中毒，对儿童的生长和智力发育产生负面影响。某些重金属在体内积累，可能残留于脑部及主要内脏器官，从而对肝脏、肾脏等重要器官造成不可逆的损害。

（3）挥发性有机物 挥发性有机物（VOC）在居住空间内，一旦其浓度达到临界值，居住者在短期内可能会出现头痛、恶心、呕吐和疲劳等症状。在严重暴露的情况下，可能引发神经系统损害，如抽搐和昏迷；同时，还会对肝脏、肾脏和大脑造成损伤，甚至导致记忆功能退化等严重后果。

（4）甲醛 甲醛是一种具有强烈刺激性的气体，对呼吸系统及内脏组织危害极大。长期吸入甲醛，可能诱发呼吸系统的恶性肿瘤。世界卫生组织已将甲醛列为一类致癌物。

1.2 涂料选用、检验与储存

1.2.1 涂料选用原则

当代涂料的审美价值、实用性以及环保属性受到了广泛关注。特别是环保性能，已经成为消费者在选择各种类型涂料时的核心考量因素。在装修过程中，墙面、天花板、门窗以及家具等涂料的选用是必不可少的。根据不同材质和功能的需求，应选择合适的涂料种类。例如，墙面装饰通常选用环保的水性乳胶涂料，而木器和金属表面则更倾向于使用油性涂料，但具体选择时还应考虑材质兼容性、耐用性等因素。性能各异的各种涂料，见图1-6。

图1-6 性能各异的各种涂料

（一）按照涂装区域选择涂料

（1）人流量较高的区域，如大厅、餐厅或走廊的墙面，应使用耐老化、耐污染、耐水性强、保色效果持久且附着力卓越的涂料。

（2）人流量较小的区域，建议选用具备防火、防霉、抗污染及易于清洗等特性的涂料。

（3）在湿度较高的环境中，如浴室、厨房和洗手间等场所，所选择的涂料应当具备耐水、防火、防霉、抗污染及易清洗等多种功能。

（二）按照基面材料选择涂料

（1）对于混凝土及水泥基面，涂料必须具备优异的耐碱性及良好的遮盖效果。

（2）对于石灰和石膏板墙面，虽然可供选择的涂料种类繁多，但并非所有类型均适用。耐擦洗性并非此类墙面的首要考量因素，因此某些耐擦洗内墙涂料可能并不适宜。

（3）在木质基面上，推荐使用非碱性涂料，以避免碱性成分对木材造成破坏。

（三）按照适用范围与环境条件选择涂料

（1）炎热多雨的南方，所用的内墙涂料应具有良好的耐水性和防霉性。

（2）在严寒的北方地区，内墙涂料应具备良好的耐冻融性能。

（3）在雨季施工时，应选择干燥迅速，并具有较好初期耐水性的内墙涂料。

（四）按照装修标准选择涂料

选择涂料应遵循使用寿命长、施工方便和无毒的标准。对于档次较高的装修，可选用高档涂料；对于一般的装修，可选用中档或普通涂料。

1.2.2 涂料检验方法

不同类型的涂料对储存条件有着不同的要求。不当的储存与管理方式易导致各类涂料出现沉淀、固化、凝胶等不良现象。以水性乳液为例，当环境温度降至0℃以下时，其乳化状态易被破坏，进而引发质变，导致报废。各类涂料、稀释剂、辅助材料正常外观与检验方法见表1-2。

表1-2 各类涂料、稀释剂、辅助材料正常外观与检验方法

种类		正常外观	检验方法
水溶涂料		无浑浊现象，用手捻时有黏性，搅拌后颜料均匀悬浮，有正常的浆料状态	如出现异常气味、结絮或变浑，可取出少许试用，直接观察其效果
合成树脂涂料		应无硬块，不凝聚、不分离，搅拌后呈均匀状态，自然条件下能干燥、固化，无发霉状态	如出现结块、凝聚、分离状态，搅拌后不能改善，可取出少许试用，直接观察其效果
稀释剂		优质的稀释剂应呈现无色或水白色的清澈透明液体状态，不含任何杂质、悬浮物，且无异味；同时，应具备适当的挥发速度，挥发后不留下任何残渣	在滤纸上滴加少量稀释剂，稍作等待后检查其是否完全挥发，并观察是否存在残留杂质；将稀释剂与相应树脂或涂料进行混合，以评估其溶解性能是否优良
辅料	滑石粉	颗粒较细，颜色不是很白	用手指捻时有光滑细腻感，用水洗即掉
	大白粉	颗粒比滑石粉粗，颜色比滑石粉白	用手指捻时也有光滑细腻感，但不如滑石粉，用水可洗掉
	石膏粉	颗粒较粗，有的呈灰白色	用手指捻时感觉有颗粒，但遇水可溶解
	锌白类颜料（氧化锌、立德粉等）	色白且有刺眼的感觉，颗粒细度在大白粉和石膏粉之间	捻时有细、涩的感觉，用汽油容易擦掉

1.2.3 涂料的储存与保管

涂料及其相关辅助化学品具有易燃易爆的特性，并且其释放的蒸气可能对人类健康和环境构成威胁。基于这些风险，强化涂料在储存、物流及调配环节的安全规范显得至关重要，而妥善掌握储存技巧则是保障安全的基础。

（一）存放方式

（1）定点储存 涂料储存区域应设立专门的库房，在此区域内，涂料容器的堆放高度不得超过三层，且绝不可与其他可燃物质（如氧化剂、金属粉末或各类稀释剂）混合存放。稀释剂应当单独存放在室外搭建的专用库房中。

（2）空间环境 涂料库房应保持干燥、阴凉且通风良好；同时，库房内应维持适宜的温度和湿度水平，以避免涂料遭受日晒或接近火源。库房地面宜采用水泥或石质材料，并应设置水泥或木质支撑横栅用于搁置容器，以此架空容器底部，预防因受潮导致的锈蚀和穿孔问题。涂料在库房中存放时应当注意防火、防潮，避免涂料产品在存放过程中发生泄漏或挥发，见图1-7。

（3）分类存放 依据涂料类型进行分门别类存放，对涂料样品集中存放，特别是双组分或三组分涂料，应注意将配套产品放置在一起。涂料样品要随时用于检测，同类或系列产品应当组合摆放，以便随时能打开包装并进行测试，见图1-8。

（4）检查密封 涂料桶包装必须密封良好，并应定期检查，以防滴漏等问题的发生。若出现桶体泄漏，应立即将该桶移至仓库外部的安全区域，进行换桶或修补处理。

图1-7 涂料库房

图1-8 涂料样品存放

（二）注意事项

（1）加强管理 涂料储存库房必须严格实施防火安全措施，禁止任何火源进入。库房内显著位置应设置“严禁烟火”或“禁止携带火种”等警示标识，并确保配备足量的消防设施。

（2）包装运输 涂料装载与运输过程中应谨慎操作，避免倒置或施加过大的压力；运输时应采用专业集装箱或包装箱，保持适宜的温度（和湿度），且不得与其他化学品混合装载。针对长距离运输，铁罐包装须保持完整无缺，并在铁罐之间置入木板条进行隔离，防止摩擦或碰撞，见图1-9。

（3）开封使用 开启桶装涂料或稀释剂时，须避免使用金属工具进行敲击，以防产生火花从而引发安全事故。对于空的涂料桶，应集中放置于通风条件良好的区域，并定期清理。

（4）配制涂料 设立专用的配料场所，或在室外施工场地进行操作。避免在仓库内部直接进行涂料的调配，以防止易燃且有毒的挥发性气体扩散至仓库内部。配料区域的周边应确保无火源及易燃易爆物品，应保持环境整洁，定期清理。同时，应避免将易燃的涂料或稀释剂存放在人员频繁活动或操作的区域内。配制涂料时要精准配重，按照使用说明书上的比例精准调配，见图1-10。

图1-9 涂料运输

图1-10 配制涂料

1.3 涂饰涂装设计与用量计算

1.3.1 涂料设计图的识读与绘制

涂料施工前应进行设计制图，目的在于精准计算涂料的用量，从而核算出价格。对于大多数单一涂料产品的施工情况，仅需要对施工现场进行测量，获取涂装界面的长、宽尺寸，再将两者相乘，即可得出涂装面积。但是，对于具有彩绘与特殊涂装需求的界面，就需要设计图纸，并标注尺寸与材料名称。电视背景墙的构造复杂，在涂刷乳胶涂料时，除了要计算立面面积外，还要考虑构造狭窄的转角与侧面面积。不少施工企业会增加这类复杂墙面的施工面积，例如，在立面测量面积的基础上，乘以1.2～1.5的系数（应考虑施工难度或材料损耗），最终得到的面积将作为计价依据，参见图1-11。

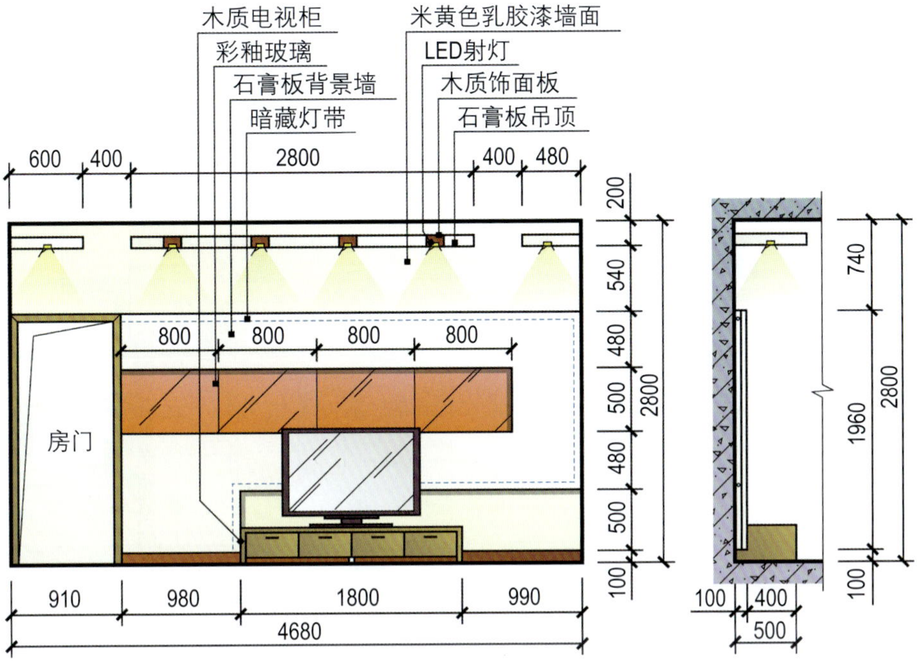

图1-11 电视背景墙乳胶涂料设计图（单位：mm）

1.3.2 涂料用量成本核算

涂料被广泛应用于各类结构和表面的装修与美化。随着环保意识的普及，越来越多的涂料类型转向水性涂料。由于水性涂料的应用场合多样，基材的吸收率各异，因此在用量上往往难以做到精确估算。在施工过程中，不仅要确保涂刷的质量，还需要注意不要让涂膜过厚，以避免出现裂开或剥落等问题，这使得施工过程相对复杂。接下来，我们将详细探讨如何针对乳胶涂料和丙烯酸水性涂料进行用量及成本的有效计算。

（一）乳胶涂料

在选择乳胶涂料时，建议优先考虑知名品牌的产品，并通过产品上的防伪编码验证其真伪。现以一个典型家庭住宅空间为例（图1-12），除厨房、卫生间、阳台等特殊区域外，其余空间均涂刷乳胶涂料，旨在对其用量进行分析。

参见图1-12，相关计价方式如下（以下计算，不考虑因施工难度引起的材料损耗系数1.2～1.5）。

市场价格：18L/桶的白色乳胶涂料，单价约为380元/桶。

涂料用量：按理论涂布率12m^2/L计算，所需涂料用量（体积）=涂刷面积÷12m^2/L，单位为升（L）。

主材费用：将涂料用量除以每桶容量（18L/桶），所得桶数向上取整（采购时必须整桶购买）后，乘以单价380元/桶，即为主材总费用。

图1-12　家居住宅平面设计图（单位：mm）

①各房间顶面乳胶涂料涂刷面积如下。

客厅、餐厅、走道：38.2m²；

卧室1：16.1m²；

卧室2：12.2m²；

总面积：66.5m²。

②顶面涂料（材料）费用计算公式如下。

顶面材料费用=（顶面总面积÷理论涂布率）÷每桶容量×单价

结合本例，具体计算过程如下：

顶面材料费用=（66.5m²÷12m²/L）÷18L/桶×380元/桶≈117.0元

③通过测量各涂刷区域的墙面周长（客厅、餐厅、走道为25.2m；卧室1为14.2m；卧室2为11.3m），得到墙面总周长为50.7m。整体墙面涂刷面积计算如下。

根据墙面周长与墙面高度（本例高度为2.75m）计算涂刷面积，公式如下：

墙面涂刷面积=墙面周长×墙面高度－门窗洞口面积

其中，门窗洞口面积根据实测数据估算为9.6m²。

本例墙面涂刷面积具体计算过程如下：

墙面涂刷面积=50.7m×2.75m－9.6m²≈129.8m²

乳胶涂料用于墙面涂刷的材料费用如下：

墙面材料费用=129.8m²÷12m²/L÷18L/桶×380元/桶≈228.4元

④结合本例，石膏粉和腻子粉的用量（具体用量按经验取值）与成本如下。

石膏粉用量标准为0.5kg/m²，则顶面与墙面综合消耗石膏粉的总价如下：

$$0.5\text{kg/m}^2 \times (66.5\text{m}^2+129.8\text{m}^2) \times 3\text{元/kg（石膏粉单价）} \approx 294.5\text{元}$$

腻子粉用量标准为1.0kg/m²，则顶面与墙面综合消耗腻子粉的总价如下：

$$1.0\text{kg/m}^2 \times (66.5\text{m}^2+129.8\text{m}^2) \times 1\text{元/kg（腻子粉单价）} \approx 196.3\text{元}$$

石膏粉与腻子粉的材料成本合计约为490.8元。

⑤辅助材料费用包括分色小桶、美纹纸、刮刀、刮板、辊筒、毛刷等，估算费用为100.0元。

⑥本工程主要材料成本合计为：117.0元（顶面涂刷）+228.4元（墙面涂刷）+490.8元（石膏粉与腻子粉）+100.0元（辅助材料），总计约为936.2元。

（二）丙烯酸水性涂料

在选购丙烯酸水性涂料时，建议优先选择主流品牌，并通过产品附带的防伪查询码验证其真伪。目前市场上仍存在一些假冒伪劣产品，这些产品通常因配方不规范，施工时需要添加非标准稀释剂，可能会释放有毒有害物质，对使用者的健康造成潜在危害。以下以实木书柜涂覆丙烯酸水性涂料为例，介绍其使用量计算方法，参见图1-13。

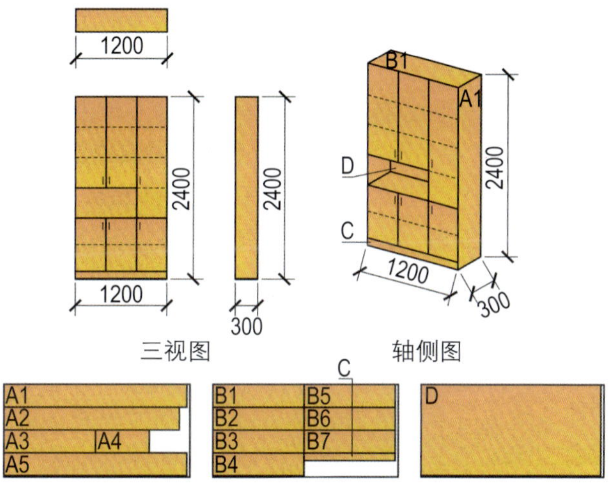

图1-13 实木书柜设计图
（2440mm×1220mm×18mm生态板拆分；单位：mm）

相关计价方式如下。

市场价格：5L/桶，单价约160元/桶。

涂料用量：依据理论涂布率3m²/L计算，涂料用量（L）=涂刷面积（m²）÷3m²/L

主材成本：主材成本=（涂料用量÷每桶容量）×单价

其中，涂料用量单位为L，每桶容量单位为L/桶，单价单位为元/桶。实际采购时，所需桶数应采用向上取整原则折算费用（必须整桶购买）。

结合本例，相关计算方法如下。

①某实木书柜正立面尺寸为：宽1.2m，高2.4m，深0.3m。

②进行涂刷面积计算时，将书柜所有板材拆解展开，平铺测量，总表面积为8.3m²。

因需要双面涂刷，实际涂刷面积如下：

$$8.3\text{m}^2 \times 2=16.6\text{m}^2$$

根据每升涂料可覆盖3m²的标准，所需涂料总量如下：

$$16.6\text{m}^2 \div 3\text{m}^2/\text{L} \approx 5.53\text{L}$$

换算为桶数如下：

$$5.53\text{L} \div 5\text{L/桶} \approx 1.11\text{桶}$$

若按实际使用量折算，主材费用如下：

$$1.11\text{桶} \times 160\text{元/桶}=177.6\text{元}$$

③辅助材料费用包括腻子、原子灰、分色小桶、美纹纸、刮刀、刮板、辊筒、毛刷等，粗略估算为30元。

④丙烯酸水性涂料主要材料总费用如下：

$$\text{总费用}=\text{主材费用}+\text{辅助材料费用}=177.6\text{元}+30.0\text{元}=207.6\text{元}$$

1.3.3 涂饰涂装施工报价

装饰装修进程步入涂饰阶段时，各部位的装饰效果才会逐步显现。涂饰施工手段繁多，无论采用何种方法，基础处理均应达到平整、洁净的标准；同时，应进行腻子填补和多次打磨，确保表面涂料能够完美遮盖底层表面的瑕疵。

现代涂饰材料种类繁多，应根据不同材质的特性，选择相应的施工技巧。

（一）乳胶涂料施工费计算

在乳胶涂料施工过程中，通常会使用石膏进行基层粗找平，再通过腻子实现表面精细找平，从而获得良好的平整度。施工人员还需对基层进行反复打磨，以确保乳胶涂料涂刷均匀。乳胶涂料多采用辊涂施工方式，操作简便，施工效率较高。

墙面与顶面的乳胶涂料涂装面积通常在200～300m^2之间。按一名施工人员每天可完成约30m^2的涂装速度计算，若其日工资为600元，则乳胶涂料的人工施工成本约为20元/m^2。

整个施工过程包括基层处理、找平、涂料调配、涂刷以及后期修补等多个环节。若施工区域存在较多转角、复杂造型或需要特殊调色，施工难度将随之增加，涂装费用也可能相应上涨。

（二）聚酯清漆施工费计算

聚酯清漆是一种常见的油性涂料，其施工方法与硝基涂料、氟碳涂料等在部分操作步骤上具有一定相似性。该涂料主要用于平滑的木质基层，其涂饰过程通常包括多次涂刷和打磨，以确保最终获得良好的表面平整度。

在家庭装修中，实木结构的应用面积相对较小，一般集中在具有装饰性造型的局部细节部位，如门套、窗套或木线装饰，面积通常在6～8m^2之间。根据施工效率估算，在标准施工条件下（如采用两底一面工艺），一名专业施工人员每天可完成约10m^2的聚酯清漆涂装工作。若按日工资600元计算，则人工施工成本约为60元/m^2。

1.4 涂饰涂装工程施工与管理

施工过程中基层处理的质量是后续施工顺利进行的重要前提。施工工序的制定应结合现场实际工作量及设计图纸的具体技术要求，科学合理地安排施工流程。

1.4.1 施工流程设计

科学安排施工流程与顺序，不仅是简单的工序先后问题，更是确保工程质量的关键因素。工序安排不当不仅会造成施工混乱，还可能严重影响最终的装修质量。

以墙面乳胶涂料施工为例，施工前应对墙体及顶面基层进行全面批刮腻子处理。腻子的质量与批刮厚度直接影响乳胶涂料的附着力和整体装饰效果。因此，应采用成品腻子对基层表面进行满刮找平，确保其有效覆盖原有基层的颜色差异（图1-14）。

在木质结构及家具表面涂装透明清漆之前，应先使用砂纸对表面进行细致打磨，确保平整度。随后，对局部凹陷部位使用调配好的调色腻子进行修补，并在干燥后再次打磨平整，方可进入清漆涂装工序。施工完成后，应及时进行清理和后期养护。特别需要注意的是：当木质家具的修补腻子完全干燥后，仍需要使用砂纸对表面进行精细打磨，以确保涂装效果一致（图1-15）。

图1-14　墙面满刮腻子

图1-15　木质家具打磨

1.4.2 人员组织搭配

项目经理是施工人员组织管理的核心，鉴于装修工艺涉及众多不同工种的协同作业，业主无法与每位施工人员单独沟通，以评估其技能和信誉。因此，确保施工团队高效运作的关键，在于选准合格的项目经理，以实现施工人员的合理配置与有效管理。

装修施工的核心管理角色是项目经理。具备专业素质及合法资质的项目经理，在正式上岗前应取得相应资格证书（图1-16）。在建筑施工管理中，持有合法有效证书的专业项目经理起着重要作用。选择装饰项目经理时，应重点关注其是否持有官方认可的项目经理资格证书，并确认证书的发放机关及有效期限。

项目经理肩负着规划整体施工流程、协调各项工作及指挥多工种施工人员的重任，所有施工人员均须遵循其部署与安排。因此，挑选一位称职的项目经理至关重要（图1-17）。

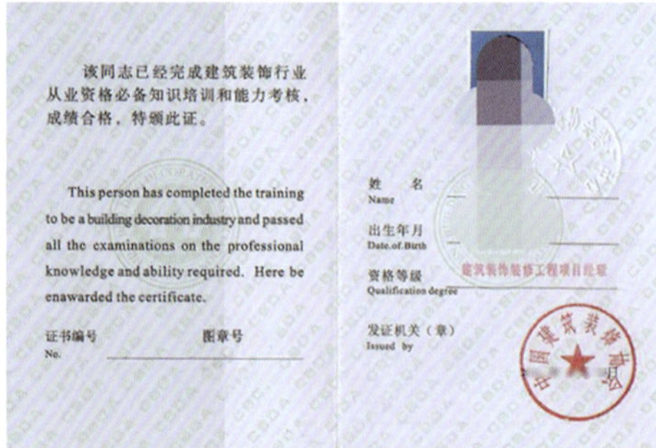

图1-16　项目经理资格证书

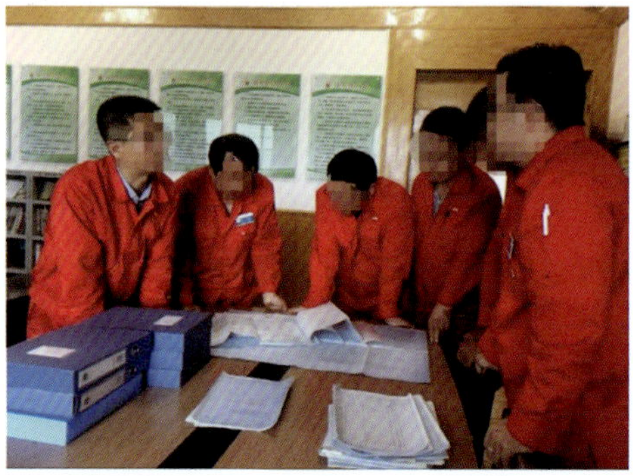
图1-17　项目经理施工交底

1.4.3　实施方案编制

（1）确保建筑结构安全　建筑涂饰工程应确保结构的完整性与安全性，任何对承重结构的破坏都是不可接受的。被破坏的建筑结构，见图1-18。此外，施工期间应严格避免在结构上过度集中堆放材料或物品，以防止超负荷，同时不得未经许可更改建筑主体结构的基本用途。

（2）不可损坏公共设施　施工过程中必须充分保护公共设施，确保这些公共设施，包括管道设施等的正常运行不受影响（图1-19）。

（3）使用环保材料

①各类建筑材料在品种、规格及性能方面，应与设计规范相契合，并遵守我国现行有效的标准与规定。

②承包商与委托方应对进入工地的主要建材进行品种、型号和性能的验收工作，确保主要建材具备产品合格证明，并根据需要提供性能检测报告及中文说明。

③施工中现场配制的材料应依照设计规范或产品说明书进行，确保建筑内部装饰后的污染物浓度不超过国家规定的标准。涂料应到大型建材超市或厂家指定的专卖店购买，并选用知名品牌环保产品；现场配制涂料时，应当严格根据产品的说明书来配制，并搅拌均匀（图1-20）。

图1-18　被破坏的建筑结构

图1-19　管道设施

（a）环保涂料

（b）涂料配制

图1-20 环保涂料与涂料配制

1.4.4 季节施工注意事项

尽管涂装行业存在淡旺季的差异，但全年均有进行刷漆作业的需求。人们普遍关注气候对刷漆的影响，实际上，核心的考量因素主要是温度和湿度。值得注意的是，气候条件并无绝对的好坏，关键在于根据不同季节采取适宜的施工策略。下面将介绍涂料施工在不同季节的优势及注意事项。

（1）春季 春季涂装的优势体现在适宜的湿度水平上。应选择气温和湿度适宜的天气条件，通常宜规避雾霾或雨天进行作业。晴天是进行涂装的理想时机，因为此时有助于空气流通，促进室内水分蒸发，从而缩短工程周期。此外，这也有利于加速室内有害物质的释放和空气净化过程。然而，必须严格监控涂料配料比，确保涂料与墙面的良好附着，并在涂刷过程中对地面进行适时洒水，以预防油饰表面出现麻点或小颗粒等缺陷。

（2）夏季 夏季为涂料快速干燥提供了理想条件。此外，由于高温的助力，涂料中的气味迅速挥发，有助于空气中诸如甲醛等有害物质的加速释放。因此，在夏季进行新居装修，相对来说更为安全且环保。从另一个角度看，夏季的高温环境对于检验涂料的环保性能是有益的。人们可以通过嗅觉来初步判断所使用的涂料是否环保，因为不环保的涂料会散发出较为明显的异味。在梅雨季节，由于湿度较大，墙面的干燥速度会受到影响。涂刷涂料之后，墙面往往难以迅速干燥。在这种条件下，应当保持室内通风，打开所有门窗，确保墙面在涂刷第二遍涂料之前已彻底干透。

（3）秋季 秋季有利于提高工作效率。该季节的温度和湿度均更为适宜进行涂料施工作业，而且涂料干燥速度很快，有助于提升工程的整体质量和施工进度。秋季天气干燥，墙面水分迅速蒸发，这虽然有利于墙面快速干燥，但也易引发收缩和变形的问题。因此，在涂料施工完毕后，可关闭门窗维持1～2天，或选择在早晚时段开窗通风，以保持墙面自然阴干的状态。

（4）冬季 冬季的低湿度条件使得涂料在涂刷后能够迅速干燥，这不仅减少了涂料对空气中尘埃颗粒的吸附，也保障了涂刷的品质。冬季室内外的温差为涂料施工提供了测试施工质量的机会，通常只需经过1～2个月的观察，施工中可能存在的问题便会显现。此时由于工程尚未交付，可以及时进行改进或拆除。

1.4.5 绿色环保施工

（一）绿色环保涂料

绿色环保涂料并非完全不含任何有害成分，而是最大限度地降低对人体健康的影响，并实现低环境污染。尽管涂料的基础原料通常无毒，但为了确保产品的性能，必须添加一定量的挥发剂和溶剂等添加剂。这些辅助成分往往含有挥发性有害物质，是涂料中潜在危害的主要来源。涂料施工时增添环保添加剂，能改善原始涂料的化学性能，增强膜层强度，提升耐候性能，并对原始涂料产品中的有毒有害物质进行中和，见图1-21（a）。环保涂料调剂的目的是均衡稀释度，保持环保涂料的活性，避免沉淀，见图1-21（b）。

（a）涂料环保添加剂

（b）环保涂料调剂

图1-21 环保涂料

（二）环保涂料的优点

（1）减少污染 从环保角度出发，该类涂料能够有效减少废气的排放，降低污染；同时，减少能源消耗，并提高资源的循环利用率。此外，其硬度、光泽度、防潮性、透气性、抗冻性、耐擦性、抗湿性和耐腐蚀性等均十分突出，使用寿命通常可延长5年以上。

（2）健康无害 该类涂料不含有毒有害物质，对环境友好，与含有甲醛、苯等有害成分的传统涂料相比，更为健康安全。

（3）施工方便 在施工方面，由于绿色环保涂料的水性或水乳性特点，其施工与运输过程简单便捷，无特殊要求。

第2章

涂饰涂装材料识别与选购

操作难度： ★★★☆☆

核心概念： 涂料的命名、油性涂料、水性涂料、辅助材料

章节导读： 涂饰材料具备良好的附着力，并能形成具有一定硬度和连续性的固态覆盖层，对建筑材料表面的保护、美观及功能实现具有显著作用。在建筑装饰领域，涂料种类繁多，通常应根据基材特性选择合适的涂料并进行施工。装饰涂料在营销展示中可通过展现其质感与附着性能，有效提升产品的视觉吸引力与品牌形象（图2-1）。

图2-1　装饰涂料展示

2.1 涂饰涂装材料组成与命名

2.1.1 涂料的组成及要求

涂料的基本组成可划分为以下三种：主要成膜物质、次要成膜物质以及辅助成膜物质。关于涂料组成与要求，见表2-1。

表2-1 涂料的组成与要求

<table>
<tr><th colspan="2">名称</th><th>主要成分</th><th>要求</th><th>作用</th></tr>
<tr><td colspan="2">主要成膜物质</td><td>油脂、
天然树脂、
人造树脂、
合成树脂</td><td>具有优异的耐碱性和耐水性，能够有效抵御日光、雨水、冰雪等环境因素的侵蚀，并具备良好的溶解性与相容性。在施工过程中常需要通过溶剂对树脂进行稀释处理。此类材料来源广泛，生产成本较低，具有良好的经济性</td><td>成膜物质是决定涂膜主要性能的关键成分，它赋予涂膜光泽、硬度、柔韧性、耐冲击性和耐候性等功能特性</td></tr>
<tr><td colspan="2">次要成膜物质</td><td>无机颜料、
有机颜料、
各种填料及其他</td><td>具有良好的耐碱性、耐候性和抗老化性能，其原料来源广泛，生产成本较低</td><td>能够赋予涂膜丰富的色彩，并具备一定的遮盖能力，有助于降低涂料成本；同时，还能提升涂膜的力学性能、耐候性以及实现其他功能性效果</td></tr>
<tr><td rowspan="2">辅助成膜物质</td><td>助剂</td><td>催干剂、
固化剂、
增塑剂、
防霉剂、
杀虫剂、
防污剂</td><td>该材料与涂料基料具有良好的相容性，并表现出低挥发性和优良的低温柔韧性，同时具有较低的透水性和透湿性，表现出优异的耐水性；对温度变化和光照具有良好的稳定性，且无色无味，环境友好，无污染风险；还能有效抑制霉菌生长、防止虫害并具备抗污染功能</td><td>该助剂能够有效改善涂料的分散性，提升储存稳定性，优化施工性能，并增强涂膜品质，从而提高涂料的应用价值，并赋予涂膜独特功能</td></tr>
<tr><td>溶剂</td><td>有机溶剂、水等</td><td>该溶剂具有较强的溶解能力，挥发速度较快，适用范围广泛；同时，污染性低，毒性小，对人体和环境影响较小且闪点较高，火灾风险较低</td><td>可将涂料溶解或稀释成液体状态，利于涂料的涂饰施工和干燥固化</td></tr>
</table>

2.1.2 涂料的分类与编号

（一）涂料的分类

一般根据成膜物质的不同对涂料进行分类。按照我国生产的涂料品种的实际情况，目前将涂料产品分为十七大类，见表2-2。

表2-2 涂料分类及命名代号（参见GB/T 2705—2003）

分类号	代号	成膜物质类别	主要成膜物质
1	Y	油脂	天然植物油、动物油（脂）、合成油等
2	T	天然树脂	松香及其衍生物、虫胶、乳酪素、动物胶、大漆及其衍生物等
3	F	酚醛树脂	酚醛树脂、改性酚醛树脂等
4	L	沥青	天然沥青、（煤）焦油沥青、石油沥青等
5	C	醇酸树脂	甘油醇酸树脂、季戊四醇醇酸树脂、其他醇类的醇酸树脂、改性醇酸树脂等
6	A	氨基树脂	三聚氰胺甲醛树脂、脲（甲）醛树脂等
7	Q	硝酸纤维素（酯）	硝酸纤维素（酯）等
8	M	纤维素酯和纤维素醚	乙酸纤维素（酯）、乙酸丁酸纤维素（酯）、乙基纤维素、苄基纤维素等
9	G	过氯乙烯树脂	过氯乙烯树脂等
10	X	烯类树脂	聚二乙烯基乙炔树脂、聚乙烯树脂、氯乙烯共聚树脂、聚乙酸乙烯及其共聚物、聚乙烯醇缩醛树脂、含氟树脂、氯化聚丙烯树脂、石油树脂等
11	B	丙烯酸树脂	热塑性丙烯酸树脂、热固性丙烯酸树脂等
12	Z	聚酯树脂	饱和聚酯树脂、不饱和聚酯树脂等
13	H	环氧树脂	环氧树脂、改性环氧树脂等
14	S	聚氨酯树脂	聚氨基甲酸酯树脂等
15	W	元素有机聚合物	有机硅树脂、含钛有机硅树脂等
16	J	橡胶	氯化橡胶、环化橡胶、氯丁橡胶、丁苯橡胶、氯磺化聚乙烯橡胶等
17	E	其他	以上十六大类不包括的成膜物质，如无机高分子材料、聚酰亚胺树脂、二甲苯树脂等

涂料中的辅助材料不能单独使用，主要用于改性和调制涂料的施工性能。辅助材料按照其用途不同，又可分为不同种类，辅助材料型号由一个汉语拼音字母和1位或2位阿拉伯数字组成。其中，字母表示辅助材料的类别，数字为序号。例如，F2中，F表示辅助材料类别（防潮剂），2表示序号。辅助材料分类见表2-3。

表2-3　辅助材料分类

序号	代号	名称
1	X	稀释剂
2	F	防潮剂
3	G	催干剂
4	T	脱漆剂
5	H	固化剂

（二）涂料的型号

为了区分同一类型的涂料，在涂料名称前面必须标注型号。

涂料的型号包括三部分内容：第一部分是成膜物质的类别代号，用汉语拼音字母表示（见表2-2）；第二部分是涂料的基本名称，用数字表示；第三部分是序号，用数字表示衍生产品编号。在第二部分与第三部分之间有一短线，读作“至”，以此将基本名称代号与序号分开。图2-2中的涂料型号，可以清楚表达出某种涂料的成膜物质、涂料名称及其品种和用途。

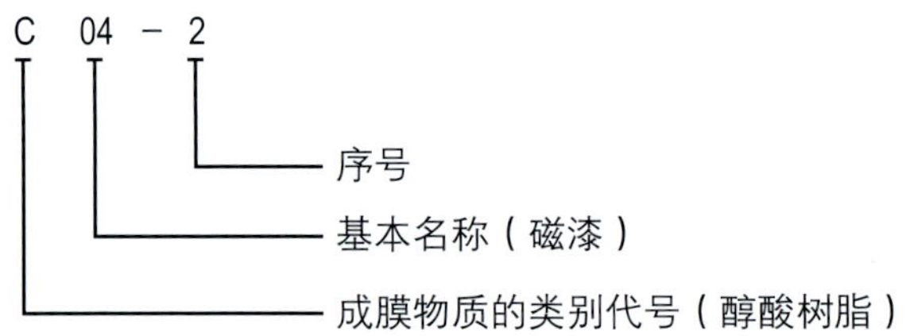

图2-2　涂料型号解析

涂料的基本名称也采用编号表示，其划分如下：00～09代表涂料的基本品种；11～19代表美术漆；20～29代表轻工业产品用漆；30～39代表绝缘漆；40～49代表船舶漆；50～59代表防腐漆；60～99代表其他涂料。

2.1.3　涂料的命名

世界各国对涂料的命名方式各有不同，名称叫法不一，这与涂料的分类方法有关。我国对国产涂料的分类和命名在国家标准（参见GB/T 2705—2003）中作了明确规定。

（1）命名原则 涂料名称=颜色或颜料名称＋成膜物质名称＋基本名称。

（2）涂料命名原则说明 在我国国家标准（参见GB/T 2705—2003）中对涂料命名原则作了如下明确的说明：

①涂料的颜色名称应置于涂料全名的最前面。若颜料对涂膜性能起显著作用，则可用颜料名称替代颜色的名称，仍置于涂料名称的最前面。

②涂料名称中的成膜物质名称均作适当简化。例如，聚氨基甲酸酯可简化为聚氨酯。

③漆基中含有多种成膜物质，必要时也可选取两种成膜物质名称，其中主要成膜物质名称在前，次要成膜物质名称在后。例如，环氧硝基磁漆。

④基本名称仍采用我国已有的习惯名称。例如，清漆、磁漆、罐头漆、甲板漆等。

⑤在成膜物质名称和基本名称之间，必要时可标明专业用途、特性等，但航空涂料、汽车涂料、铁路用涂料等均不必标明。

⑥凡是烘烤干燥的涂料，名称中都有“烘干”或“烘”字样。若名称中没有“烘干”或“烘”字，则表明该涂料是常温干燥，或常温干燥、烘烤干燥均可。

（3）涂料命名手续 国内涂料生产厂家在研制出新型涂料产品后，应在取得使用单位认可并准备批量生产前，向国家指定的权威检测机构提交相关技术资料。这些资料需要经生产企业主管部门批准并通过正式鉴定，由检测机构复核审查合格后，方可获得正式命名。标准中明确规定：各涂料生产企业可将生产工艺已成熟的产品，向全国涂料和颜料标准化技术委员会秘书处提交命名申请。申请时，必须报送下列技术资料：

①产品的组成、特性和用途；

②产品技术指标及检验方法、施工技术；

③产品检验数据；

④产品应用报告。

经审查（必要时会组织有关人员进行讨论）通过后，将确定的统一型号名称通知申请单位，并进行备案。

2.2 油性涂料

传统的油性涂料，也常称为油脂漆，其制备主要利用桐油、亚麻籽油、梓油、豆油、葵花籽油及鱼油等干性油类为原料。这类涂料以干性油作为核心的成膜物质，具有生产简便、成本低廉、涂刷流畅、形成的涂膜柔韧度高和渗透性优良等优点。然而，它也存在干燥速度缓慢和形成的涂膜物理化学性能不理想等不足之处。这类油性涂料大多已被性能更优的合成树脂涂料所替代。

2.2.1 天然涂料

传统的天然涂料是由热炼处理的干性油脂与天然树脂混合，并辅以有机溶剂、颜料及催干剂等成分精心调配而成。此类涂料涵盖了松香酯、沥青漆、生漆、虫胶清漆等多个品种。随着高性能合成树脂的出现，以及天然树脂资源受限的双重因素影响，天然树脂涂料的市场份额逐步萎缩，部分产品甚至被合成树脂涂料所替代。合成环氧树脂与建筑用合成树脂涂料见图2-3。

（a）合成环氧树脂　　（b）建筑用合成树脂涂料

图2-3　合成环氧树脂与建筑用合成树脂涂料

2.2.2 醇酸涂料

醇酸涂料又称为三宝漆，是由中油度醇酸树脂溶解于有机溶剂，并添加催干剂制备而成。该涂料干燥快速、硬度较高，可进行抛光和打磨，且色泽光亮、耐热性良好；然而，涂膜脆性大、抗大气侵蚀能力较弱，主要适用于室内外金属和木材表面的涂装，还适用于醇酸磁漆的罩光处理，见图2-4。

（a）醇酸调和漆　　（b）醇酸防锈涂料

图2-4　醇酸涂料

（一）优点

醇酸树脂涂料具有优良的光泽度、优异的耐候性以及便捷的施工性。它不仅颜色种类繁多，而且施工方式多样，包括涂刷、喷涂和烘烤等。同时，其附着力强，能够适应极端气候条件的挑战。

（二）缺点

醇酸涂料干燥速度具有局限性，且其形成的涂膜难以满足更高硬度的标准，这限制了其在装饰性要求更高的场合中的应用。尽管存在上述缺点，但醇酸涂料仍被广泛应用于对涂装要求不高的领域，如普通木器、家具、室内装修，以及一般金属装饰、金属防腐、农机、汽车、仪器仪表和工业设备等领域的涂装作业。

（三）选购方法

（1）看光泽度 观察样品涂抹后的光泽效果，是否在灯光下呈现出柔和的反射，而不会过于刺眼。

（2）气味识别 新涂刷的涂料气味是否令人感到不适，这是评估其环保性的一个简单方法。

（3）耐水性能测试 在涂膜上滴加水珠，检验其是否具有良好的耐水性，即观察水珠在表面是否能轻松滑动。

（4）附着测试 将毛发撒在涂膜表面，若毛发不易被吹走或脱落，可初步表明涂料的附着力较强，但也可能意味着清洁难度会有所增加。

2.2.3 聚酯涂料

聚酯涂料又称为不饱和漆，是一种多组分涂料，它的漆膜较厚且坚硬。聚酯涂料的综合性能较优异，但干固时间长，容易起皱，漆膜颜色也较白，见图2-5（a）。聚酯涂料具有比较好的色泽，保光保色性能好，具有较好的保护性和装饰性，见图2-5（b）。

（a）聚酯涂料　　（b）涂刷效果

图2-5 聚酯涂料与涂刷效果

（一）优点

（1）在色彩多样性与漆膜厚度方面，聚酯涂料表现出显著优势。仅需要经过2次或3次喷涂，即可实现对底层材料的完全覆盖，从而确保涂层的均匀性和美观性。

（2）聚酯涂料具有卓越的硬度，表现出良好的耐磨性，且对湿热、干热及多种化学物质展现出较强的耐受性。

（3）色泽浅淡程度、透明度优良以及光泽度高，在透明涂层应用中尤为突出。

（二）缺点

（1）柔韧性差，易于在外力作用下脆裂，且漆膜一旦受损，其修复能力较弱。

（2）聚酯涂料对配料比要求严格，其活化期较短，配漆后应立即使用，增加了操作的复杂性。

（3）聚酯涂料的修补性能不甚理想，修补后的漆膜表面往往遗留有明显的修复痕迹。

（三）选购方法

（1）选择有保障的品牌，并仔细查看聚酯涂料的产品标识，确认各项指标是否达标。

（2）关注聚酯涂料的固体含量、硬度和耐磨性。

（3）考察聚酯涂料的透明程度、耐黄变性能以及施工性能。

2.2.4 硝基涂料

硝基涂料主要用于木质、金属及混凝土等基材上，其应用尤为广泛，通常以透明质感和白色调为主，见图2-6（a）。产品通常提供多种色彩选择，以满足消费者个性化需求，见图2-6（b）。此外，其施工主要通过喷涂方式进行，见图2-6（c）。在施工作业前，必须对被涂物表面进行彻底清洁，以确保涂料能够均匀附着并展现最佳效果。

（a）硝基涂料

（b）涂料色板

（c）涂料喷涂

图2-6 硝基涂料、涂料色板与涂料喷涂

（一）优点

硝基涂料具有良好的装饰效果，且抗氧化性能优异，能有效防止发黄。其中，白色硝基涂料不仅质感细腻、表面平整，而且干燥速度快，对涂装作业环境的适应性较强。此外，硝基涂料硬度高，光泽度好，并且便于维修。

（二）缺点

硝基涂料固体含量较低，导致在实际施工过程中需要多遍涂抹才能实现理想效果。其耐用性相对较差，特别是在室内使用时，表现为光泽保持和色彩保持能力欠佳，长时间使用后可能会出现光泽流失、开裂或色彩变异等问题。

（三）分类

（1）外用清漆　由硝化棉、醇酸树脂、增塑剂及一定比例的酯、醇、苯类溶剂混合而成，具有良好的光泽与耐久性。它一般适用于室外环境中的金属或木质材料表面，耐候性能较好。

（2）内用清漆　由低黏度硝化棉、甘油松香酯、非干性油醇酸树脂、增塑剂组成，并添加了微量的酯、醇、苯类有机溶剂。该清漆干燥迅速，表面光洁，但户外耐候性不足，适用于室内金属及木质表面的涂装。

（3）木器清漆　由硝化棉、醇酸树脂、改良松香、增塑剂及适量的酯、醇、苯类挥发性有机物混合制成。其涂层坚硬且光亮，可进行打磨处理，但耐候性能相对较差，仅限于木质表面的涂装。

（4）彩色磁漆　由硝化棉、季戊四醇醇酸树脂、颜料、增塑剂及适量溶剂调配而成，具有快速干燥的特性，涂层平滑且具有优异的耐候性；耐磨性稍逊一筹，适用于室外金属和木质表面的涂装。

（四）选购方法

硝基涂料的选购策略与聚酯涂料有相似之处。

（1）看固体含量　硝基涂料的固体含量通常超过40%，具有较为温和的气味。低质量的硝基涂料产品固体含量大约只有20%，并且散发出刺鼻的气味。

（2）看包装　硝基涂料常用包装规格为0.5～10kg/桶，其中3kg包装的产品价格通常为70～80元/桶，需要额外购置稀释剂调和使用。

2.2.5 丙烯酸涂料

丙烯酸涂料是在传统的丙烯酸树脂基础上，通过加入耐久性卓越的氯磺化聚乙烯橡胶、耐候性颜料及填料，以及耐候性添加剂等材料，采用现代工艺技术精心研制而成的一种单组分自干型且具有卓越耐候性和防腐性能的材料。

丙烯酸防水涂料是一种以丙烯酸酯类聚合物为主要原料，添加适量助剂和填料，经过特殊工艺精心加工而成的一种高性能防水材料。它具有良好的附着力和延伸性，能够形成致密的防水膜，有效阻止水分渗透，见图2-7（a）。丙烯酸地坪涂料是一种高性能的地面涂料，由丙烯酸树脂、优质颜料、高效助剂和环保溶剂等精心配制而成。它具有优异的耐候性、耐磨性、耐酸碱性，以及施工简便、干燥速度快等特点，见图2-7（b）。

（a）丙烯酸防水涂料　　（b）丙烯酸地坪涂料

图2-7　丙烯酸涂料

（一）优点

（1）耐候性能优异　采用耐候树脂作为主要成膜物质，并加入氯磺化聚乙烯橡胶（一种在耐候及防腐性能上均表现突出的改性剂），从而显著增强了涂层的耐候性和保光性，确保了良好的保色效果。

（2）防腐性能优异　其体现在对多种化学试剂的耐受性上，具有优异的耐水、耐碱、耐盐、耐海水及耐油特性，并且具有较强的抗老化能力。

（3）装饰性能强　涂层丰满，平整光亮，耐摩擦、易去污、耐冲击，色彩多样，美观悦目。

（4）施工方便，常温固化　能够在5～40℃的温度范围内固化，或者在60～80℃的条件下烘烤30min以形成坚韧的膜层。该涂层对于金属、水泥、砖石、木材及塑料制品等基底材料均显示出极佳的附着力。

（二）缺点

若采用传统的溶剂型胶黏剂进行基层黏结，由于其属于冷黏结工艺，晾胶时间的不可控性往往会导致黏结强度不足或无法实现完全粘贴，进而引发水分渗透等问题。

（三）选购方法

（1）认证标识　在挑选丙烯酸涂料时，应优先关注是否具有中国强制认证（简称CCC认证）。

（2）包装完整性及生产日期　消费者在购买过程中应细致审查涂料包装的完整性，防止出现泄漏现象。同时，要注意产品的生产日期。鉴于丙烯酸涂料易挥发的特性，包装必须具备良好的密封性。

（3）价格比较　在购买之前，消费者可对市场上不同品牌和档次的丙烯酸涂料的价格进行横向对比，以获取高性价比。

2.2.6 氟碳涂料

氟碳涂料也称氟涂料或氟树脂涂料，是以氟树脂为核心成膜物质的特种涂料。氟碳涂料在建筑、化学工业、电子电器、机械制造、航空航天及家庭用品等多个领域得到了广泛应用。

外墙氟碳涂料是一种以氟碳树脂为主要成分的涂料，具有优良的耐候性、耐腐蚀性、耐污染性和附着力。它广泛应用于建筑物的外墙装饰和保护，能有效提升建筑物的使用寿命和美观度，见图2-8（a）。双组分金属氟碳涂料是由氟碳树脂、颜料、助剂等组成的高性能涂料。它采用双组分包装，其中甲组分为氟碳树脂和颜料，乙组分为固化剂。使用时，需要将甲乙两组分按照一定比例混合均匀，即可进行涂装，见图2-8（b）。

（a）外墙氟碳涂料　　（b）双组分金属氟碳涂料

图2-8　氟碳涂料

（一）优点

（1）防腐蚀性能佳　漆膜由氟碳涂料形成，具备较高的表面硬度，以及抗冲击、抗弯曲和耐磨性能。该漆膜能够抵御酸性、碱性、盐性等化学物质及众多化学溶剂的侵蚀。

（2）防污性能好　氟碳涂层呈现出极低的表面能，使得其表面灰尘能够通过自然降水实现自我清洁。该涂层具备卓越的疏水性和排斥油脂的特性，并且摩擦系数极小，从而有效防止尘埃和污垢的黏附，实现自洁效果。

（3）强附着性　无论是金属（如铜、不锈钢）、高分子化合物（如聚酯、聚氨酯、氯乙烯）、水泥以及复合材料，氟碳涂料均展现出良好的附着性能，显示出其对于各种材料的广泛适应性。

（4）耐候性佳　氟碳涂层具备超常的稳定性，不易发生粉化或褪色现象，其使用寿命可长达20年。在所有类型的涂料中，其综合性能表现尤为突出。

（二）缺点

（1）双组分氟碳涂料对施工的技术要求和环境条件要求高。

（2）应用于外墙时，对施工环境及辅助材料提出了较高要求。由于其涂层具有较高的刚性而缺乏弹性，导致其在性能上存在不稳定性，容易出现裂纹和剥落等问题。

（3）氟碳涂料易受环境污染，长期使用装饰效果不佳，且成本较高。

（4）溶剂型氟碳涂料含有大量挥发性有机物，不仅会对环境造成严重污染，还导致资源的浪费。

（三）选购方法

（1）注重环境标志产品认证 鉴于市场上氟碳涂料的价格差异显著，制造商水平参差不齐，选择通过环境标志产品认证的产品尤为重要。这些产品对挥发性有机物含量设定了明确限值，不仅有助于减轻环境污染，还能避免施工过程中对人体健康造成损害。此外，低挥发性有机物含量还意味着较高的固体含量和涂布效率。

（2）挑选知名品牌 氟碳涂料作为一种高性能涂料，在选购时应优先考虑那些早期便涉足氟碳涂料研发与生产的知名品牌。这些品牌更有可能提供性价比高、质量可靠的氟碳涂料产品。

2.2.7 水性木器涂料

水性木器涂料采用水作为稀释介质，广泛应用于各类木质家具及结构的表面涂装。该涂料具备环保无毒、无异味、低挥发性、高安全性（不燃不爆）、抗黄变以及涂刷面积较大等优势。

水性木器涂料以水替代传统油性漆中的有机溶剂，从而大大降低了挥发性有机物排放，极大地减轻了对环境和人体的危害，见图2-9（a）。水性木器涂料的透明度还得到了显著提升，能够更好地凸显木材的纹理和质感，让家具更具美感，见图2-9（b）。

（a）水性木器涂料　　（b）涂装效果

图2-9 水性木器涂料

（一）分类

（1）丙烯酸水性涂料 以优良的附着力为显著特点，并且不会导致木材颜色加深。然而，在耐磨性和抗化学性方面表现欠佳，漆膜硬度较低，丰满度也略显不足。尽管综合性能较为一般，且施工过程中可能出现缺陷，但其价格相对低廉。

（2）聚氨酯水性涂料 在综合性能上表现出色，具有高丰满度、强漆膜硬度以及卓越的耐磨性能，甚至超越油性漆。在耐用性及色彩调配方面，其优势也十分明显，可视为水性涂料中的高端产品。

（3）丙烯酸树脂与聚氨酯合成水性涂料 该产品在继承丙烯酸涂料特性的基础上，进一步增强了耐磨性和抗化学性，漆膜硬度与丰满度均有所提升，其综合性能已接近油性漆水平。

（二）选购方法

（1）闻气味 水性涂料在开罐后，无论是其主要成分还是固化剂，通常几乎无气味可言，或仅散发出极其微弱的气味。

（2）看稀释方法 正宗的双组分水性涂料应当采用纯净的自来水进行稀释。若经销商或产品说明书中要求使用特定稀释剂或酒精（乙醇）等物质进行稀释，则该产品很可能并非纯正的双组分水性涂料。

（3）看环保指数 应关注涂料中是否含有苯、重金属以及高浓度挥发性有机物等有害物质。

2.2.8 地坪涂料

地坪涂料的核心组成物质为环氧树脂及其固化剂。环氧树脂作为主要成膜基料，本身具备热塑性特征，必须与固化剂或脂肪酸发生化学反应，由热塑性转变为热固性，进而展现出其多种优异性能。

环氧地坪涂料不仅耐强酸碱、耐磨损、抗压、抗冲击，还具备防霉、防水、防尘、防滑等特性；同时，能有效抵御静电与电磁波干扰。此外，其颜色丰富多样，且便于清洁维护，见图2-10（a）。无溶剂型环氧地坪涂料，也称为无溶剂环氧自流平涂料，其挥发性有机物含量低，符合现代环保标准。该涂料在施工时通常采用慢涂法，能形成表面平整光滑的涂层，具有优良的自流平性能，见图2-10（b）。

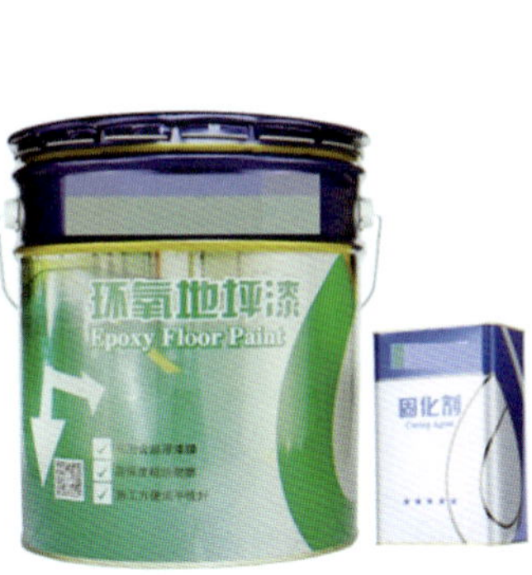

（a）环氧地坪涂料

（b）无溶剂环氧漆

图2-10 地坪涂料

（一）特点

（1）优良的附着力 固化阶段的体积收缩率维持在2%左右，从而使得基面与底层材料之间形成了坚固的结合。

（2）良好的抗化学品性能 环氧地坪涂料具备了优异的抗化学品特性，使其成为理想的防腐蚀底漆。

（3）韧性好 环氧地坪涂料的分子结构赋予了其优良的韧性，这种韧性得益于分子量的合理分布和分子旋转，从而在物理及化学环境下保持稳定的涂料质量。

（4）不错的润湿性 环氧树脂对地面的润湿性表现良好，尤其是在聚酰胺树脂固化剂的协助下，可制造出适用于水下施工的涂料，有效排除水分子，适用于水下建筑抢修及防腐蚀工程。

（二）分类

（1）传统的溶剂型环氧地坪涂料，在生产、施工及固化阶段会释放一定量的挥发性有机物。其成本相对较低，色泽多样，能够有效提升作业场所的视觉环境。施工后的地面呈现无缝、平滑的质感，易于清洗，且不易积聚灰尘与细菌。此外，该涂料具备防滑与无毒的特性，满足卫生安全标准。溶剂型环氧地坪涂料，特别适用于停车场（图2-11），以及汽车、机械制造、造纸、烟草、化工和纺织等行业中对地面品质有着严格要求的场所。

（2）无溶剂型环氧地坪涂料是一种高清洁度地面装修材料，其与底层的高黏合力确保了施工后不易产生裂缝；同时，无缝的表面处理不仅强度高，便于清洁维护，而且具备良好的耐磨性，能够长期承受包括铲车在内的多种车辆的压力。此外，该材料具有出色的抗渗透能力和耐受性，其施工过程对环境的影响极小，符合环保与卫生健康的相关标准。无溶剂型环氧地坪涂料因其能满足高洁净度的标准，常用于自流平施工，并广泛应用于医药、食品加工、电子产品、精密仪器制造以及汽车生产等行业，这些行业对地面的品质要求较为严苛（图2-12）。

图2-11　溶剂型环氧地坪涂料

图2-12　无溶剂型环氧地坪涂料

（三）选购方法

（1）查看包装 包装规格的合理性及完整性对产品的品质有一定影响。对于地坪涂料的选择，重点在于检查包装的密封完整性，确保无渗漏。尤其是金属材质的包装，其表面不应有锈迹，因为锈蚀可能致使包装密封性能不良或存放时间过长。

（2）听声音 将各个罐体取出并轻轻摇晃，若发出“哗哗”声，则可能意味着漆料含量不足或部分组分已挥发。高品质的地坪涂料应具备细腻的手感、均匀的光泽、一致的颜色和适宜的黏度，并且在施工过程中表现良好。

2.2.9 防锈涂料

防锈涂料是一种金属表层防护材料，能够抵御大气和海水等环境因素引起的化学与电化学腐蚀。该类涂料根据防护机制不同，大致可分为物理和化学两大类。在物理防护类别中，物理防锈涂料通过精选颜料与树脂的合理混合，形成紧密的防护膜，从而隔绝腐蚀性物质的侵入，例如铁红、铝粉和石墨等。

化学防锈涂料则依赖于特定防锈颜料所具有的化学抑制腐蚀作用，如红丹和锌黄等成分的防锈涂料，见图2-13。

图2-13 防锈涂料

（一）特点

常见的防锈涂料品种包括醇酸型和环氧型；按照颜色分类，则有铁红、灰色、红丹及锌黄等不同类型。这些涂料不仅适用于黑色金属，也适用于有色金属的防锈处理，并可在遮蔽的室外或室内环境中为金属提供保护。它们能在各种环境下保持性能稳定，对于未涂层或难以涂覆的部位提供有效防护。同时，这些涂料热稳定性强，即便在高温条件下，仍能保持其防锈性能。此外，它们对环境友好，使用过程中安全、无害。

顶部涂刷防锈涂料时要重点关注顶部接缝处以及它与墙面的接缝处，见图2-14（a）。金属窗沿涂刷防锈涂料时，则要注意垂直接缝处的细节处理，见图2-14（b）。

（a）顶部防锈涂料涂装　　（b）金属窗沿防锈涂料涂装

图2-14 防锈涂料

（二）分类

（1）油性防锈涂料 此类涂料在材料表面的油腻残留会导致清洁难度增加。油性防锈涂料中含有亚硝酸盐、铬酸盐等有害成分，对人体健康造成威胁，因此国家已对其使用进行了限制。此外，由于这类产品功能单一，无法满足磁性合金等新型材料的防锈需求，所以在现代工业应用中的地位逐渐被新型涂料所取代。

（2）水性防锈涂料 以水作为稀释剂，不含有机溶剂，通过调整水的比例可以制备不同浓度的产品。稀释时不会释放对环境有害的气体或物质，具有良好的适应性。无论是涂覆在不同金属材质的器皿表面，水性防锈涂料都能形成牢固的附着层，有效抑制金属腐蚀。经过该涂料处理后的材料表面能够保持原有色泽，不必水洗即可直接进入涂装等后续加工步骤，极大地简化了工艺流程。

（3）防锈颜料 防锈功能主要依赖于其物理与化学特性的稳定性。这些颜料硬度高、颗粒细腻、填充性能优良，能够有效提升涂层膜的致密性，减少其渗透性，进而起到防止金属锈蚀的作用。

（三）选购方法

（1）选择环保性产品 在挑选防锈涂料的过程中，低挥发性有机物含量是衡量其环保性的关键指标，含量越低，环保优势就越明显。

（2）闻气味 理想的防锈涂料应为水性，不含有害物质，且无特殊气味。在选购时，要注意嗅觉体验，应避免选择带有刺激性或香精味的防锈涂料。

（3）查看漆液 在购买过程中，应细致观察漆液是否透明、颜色是否一致、是否存在杂质以及流动性是否良好。

（4）观察成膜效果 质量上乘的防锈涂料在静置一段时间后，表面会形成厚实且具弹性的膜层。

2.2.10 涂料稀释剂

涂料稀释剂作为降低树脂黏度、提升施工性能的辅助材料，是一种与树脂相容性良好的液体溶剂。稀释剂分为活性与非活性两种类型。活性稀释剂在环氧类胶黏剂中的应用较为普遍；相对地，非活性稀释剂则更常用于橡胶型、酚醛型、聚酯型等胶黏剂中。

硝基稀释剂是一种无色透明的液体，具有较低的沸点和较强的挥发性，能迅速溶解硝基纤维素、聚酯树脂等高分子化合物，广泛应用于涂料、油墨、胶黏剂等领域，见图2-15（a）。氨基稀释剂也是一种无色透明的液体，见图2-15（b）。涂料多功能稀释剂则是一种具有稀释、增塑、防尘、消泡等多种功能的高性能助剂，它能有效改善涂料性能，提高施工效率，见图2-15（c）。

（a）硝基稀释剂　　（b）氨基稀释剂　　（c）涂料多功能稀释剂

图2-15　涂料稀释剂

涂料小贴士

一、基膜

基膜具有抗碱、防潮、防霉的特性，有时也被称为防潮膜。图2-16（a）中展示的基膜有以下功能：它能有效地阻断施工基面的水分和碱性物质渗透，从而确保墙面的完整性。此外，该材料对人体无害，不会释放有害气体，为建筑内部环境提供了可靠的防护。图2-16（b）则展示了基膜的外观：基膜呈白色液体状，有一定黏稠度的为优质基膜，通常用于壁纸铺贴前的墙体基层处理。

（a）基膜产品　　（b）基膜液体形态

图2-16　基膜产品与液体形态

二、壁纸胶

壁纸胶主要用于固定墙纸，以确保其粘贴效果和持久性。糯米胶作为一种性价比高的壁纸胶，在建筑内部墙纸粘贴中得到了广泛应用。经过欧盟环保标准的检测，优质的糯米胶甚至达到了食品级的安全标准。

图2-17（a）中的糯米胶在兑水之后便能直接投入使用，其常为白色固态，并具有高黏度特性，便于施工操作。该胶黏剂适用于多种墙纸和墙布的粘贴作业，尤其是在需要粘贴金属材质等特殊墙纸的场合。图2-17（b）中的糯米胶在未加水时呈较干的黏稠状态，加水稀释后变为易于施工的液态，便于均匀涂抹于墙纸背面。

（a）糯米胶产品　　（b）糯米胶形态

图2-17　壁纸胶

2.3 水性涂料

水性涂料涵盖了所有以水作为溶剂或分散介质的涂料类型，其中包括水溶性涂料、可水稀释的涂料以及水分散性涂料（也称乳胶涂料）。在这三大类别中，水溶性涂料主要凭借水溶性树脂来形成涂膜，其中以聚乙烯醇及其各类改性产品为主要代表。此外，还有其他种类的水溶性树脂，如水溶醇酸树脂、水溶环氧树脂以及由无机高分子构成的水性树脂。

2.3.1　乳胶涂料

乳胶涂料属于有机涂料的一种，它是以合成树脂乳液作为基本原料，再辅以颜料、填料及多种助剂，调配而成的一种水性涂料。与传统墙面涂料相比，乳胶涂料拥有独特的优势，如施工简便、干燥迅速，并且易于清洗。

图2-18（a）中的通用型乳胶涂料，因其能够满足不同消费层次的需求，而占据最大的市场份额。其中，无光乳胶涂料以其洁白无光的特性，不仅能够确保墙体清洁，还具有一定的耐洗刷性和优异的遮盖力。图2-18（b）中的乳胶涂料能够调配出多样化的色彩。知名品牌经销商通常提供调色服务，其费用约为产品售价的5%，并在调色前会提供色板供客户参考。

（a）通用型乳胶涂料

（b）乳胶涂料色板

图2-18　乳胶涂料

（一）特点

（1）干燥快速　在25℃的环境下，其表面可在短短30min内干燥；而完全干燥则在约120min后完成。

（2）优良的耐碱性　当涂覆于碱性表面时，不会出现恢复黏性或变色现象，保持了其形态的稳定性。

（3）柔和的色彩和坚硬的漆膜　其表面平滑无光，给人带来愉悦的视觉感受。其色彩既鲜明又柔和，颜色附着性能出众。

（4）施工便捷　易于调配，并可用于多种施工方法。使用清水稀释后，不仅操作简便，而且工具清洗也变得轻松。

（二）分类

（1）亚光漆　亚光漆无毒无害、无刺激性气味。该漆种不仅遮盖力优越，还具备出色的耐洗刷性能、较强的附着力和良好的耐碱性。其安全环保、施工便捷、流平性卓越。

（2）丝光漆　丝光漆涂膜表面平整、光滑，质感细腻，呈现出类似丝绸的光泽。该漆种不仅遮盖力显著，而且具有卓越的附着力、抗菌防霉能力，以及对水及碱的耐受性。

（3）有光漆　以其纯正的色泽、柔和的光泽、坚韧的漆膜，以及快速的干燥速度而深受推崇。该漆种不仅遮盖力强，而且防霉耐水，耐候性能佳，适合在大面积空间中使用。

（4）高光漆　具有卓越的遮盖力和美观的坚固性，呈现出瓷器般的光亮效果。此外，该漆种还表现出极高的附着力，以及对霉菌和细菌的高度抵抗力。

（5）其他种类 除了常见的涂料类型外，还包括固底漆和罩面漆等特定产品。这些涂料品种具备独特的功能特性。固底漆具备优异的封固能力，涂膜具有耐碱性及防霉效果，可为墙体提供有效的防护。此外，固底漆的附着性能极强，能够避免面漆出现咬底和龟裂问题，适用于多种墙体基层的涂装作业。罩面漆的特点在于涂膜光亮、抗老化性能强以及优异的耐污染性，无论是外墙还是内墙均适用，尤其适合于容易受到污染的环境，其表面的污点可以轻松洗净。

图2-19中的亚光漆比较柔和，涂刷后光滑、平整，耐高温，光泽度低。图2-20中的丝光漆涂膜可洗刷，光泽持久，适用于小面积的空间。图2-21中的高光漆耐洗刷，涂膜耐久且不易剥落，坚韧牢固。

图2-19 亚光漆

图2-20 丝光漆

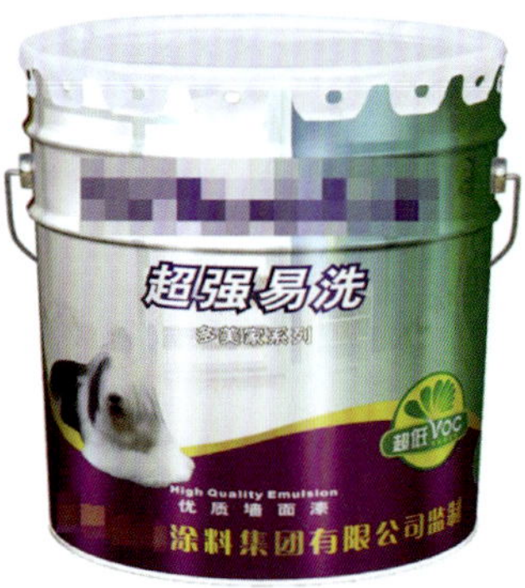

图2-21 高光漆

（三）选购方法

（1）查看重量 检测包装的重量是一种有效手段。例如，1桶5L装的乳胶涂料质量约为8kg，而1桶18L装的质量约为25kg。通过提桶摇晃的方式，还可进一步判断乳胶涂料的黏稠度，高品质产品在晃动时声音较小且均匀。

（2）观察黏稠度 在购买小包装样本后，开启包装直接观察乳胶涂料的外观，优质产品通常呈现出较高的黏稠度和细腻的光滑质感。

（3）感受黏稠度 实际接触的乳胶涂料产品应有明显的黏稠感，呈现乳白色流体状态，无硬块，且搅拌后均匀一致。

（4）闻气味 高品质乳胶涂料散发淡雅的清香，而低质或假冒产品可能具有泥土般的气味或刺鼻的异味。

图2-22（a）中的优质乳胶涂料用木棍挑起，漆液会自然形成扇形均匀流淌，不会出现断续或滴落现象。图2-22（b）中的高品质乳胶涂料能在手指上均匀展开，并在2min内迅速干燥形成薄膜。干燥后的薄膜还应具有一定的延展性。这些性能指标是判定乳胶涂料品质的重要依据。

（a）挑起乳胶涂料　　（b）手指取乳胶涂料

图2-22　乳胶涂料黏稠度

2.3.2　真石涂料

真石涂料又被称为真石漆，是一种重要的装饰材料，被广泛应用于各类背景墙的涂装；同时，也被用于户外庭院及建筑构造表面的涂饰。该材料也称为石质漆，主要成分为聚合物、天然彩色砂石及助剂，经过干燥与固化过程后，其硬度可与石材相媲美，外观上类似天然花岗岩或大理石。

图2-23（a）中的彩色石砂拥有自然质感和丰富色彩，含有的有害物质极少，并且具备良好的耐褪色性能。图2-23（b）中的真石漆样本展示了其丰富的色彩与纹理，此类产品在各大涂料专卖店均有销售。图2-23（c）中的真石漆主要利用经过破碎、清洗、筛选的天然石粉调配，旨在建筑外墙上呈现出仿石材的效果，因此有时也被称为液态石。

（a）彩色石砂　　（b）真石漆样本　　（c）真石漆

图2-23　真石涂料

（一）涂层构成

（1）抗碱封底漆　该产品根据不同基层类型分为油性及水性两种。在溶剂或水分挥发之后，漆中的聚合物与颜料填料能够渗透基层孔隙，有效封闭毛细孔，赋予其优越的防水特性。抗碱封底漆能够解决基层因水分迁移导致的泛碱、发花问题，并提高真石漆主层与基层之间的黏结力，预防剥落与松脱现象的发生。

（2）真石漆　该材料由多种成分复合而成，其中包括经过复杂加工过程的骨料（不含人工烧结彩砂，而是采用天然石粉、白色石英砂等）、胶黏剂、助剂以及溶剂等。通过对不同组分的搭配，可以灵活调整涂层的颜色深浅，营造出层次分明的色调效果，既呈现出近似天然石材的质感，又有效降低了生产成本。

（3）胶黏剂　作为真石漆的关键组成部分，胶黏剂对涂膜的硬度、黏结力、耐水性和耐候性等性能产生直接影响。该胶黏剂呈现无色透明状态，在紫外线照射下具有抗黄变、防粉化的特性。

（4）罩面漆　它便于涂层后期的清洗与维护，并且分为油性双组分的氟碳透明罩面漆和水性单组分的硅丙罩面漆两种类型。

（二）优点

（1）该材料展现出卓越的性能：防火、抗水、耐酸碱、防污染、无毒性、无异味，以及优异的黏结强度，并且具备持久不变的色彩稳定性。

（2）凭借其出色的附着力和耐冻融特性，真石漆能有效抵御环境因素对墙面的侵害，尤其适用于严寒地区。

（3）施工过程简单易行，能够快速干燥，节省时间，便于施工人员操作。

（4）高质量的真石漆更具备自然且逼真的色泽特征。

图2-24（a）中，将适量真石漆样品置于清水中浸泡，通过观察水色的变化来评估材料质量。若水面上层出现乳白色（这是由于材料中的某些成分在水中溶解所致），则视为正常现象；若出现黄色或其他颜色，则表明乳液质量可能不达标或含有染色添加剂。图2-24（b）中的真石漆施工后的墙面纹理不仅呈现出典雅、和谐与庄重的氛围，而且能够赋予墙面栩栩如生、宛如自然的视觉效果。

（a）真石涂料检验

（b）真石涂料效果

图2-24　真石涂料检验与效果

（三）选购方法

（1）查看水润度 打开真石漆包装桶，观察真石漆的水润度。视觉上比较干的属于劣质品，表明乳液含量不够高。

（2）感受水润度 可用手触摸真石漆，以此来测试其黏度。黏度高的通常属于优质品。测试方法是：先抓一把真石漆放在手里片刻，等待乳液风干后再去洗手；优质乳液风干后会形成保护膜，这时需要用开水烫或使用清洁球等工具才能清洗干净。注意，在测试过程中要佩戴手套，以防对皮肤造成刺激或伤害。

2.3.3 岩片涂料

岩片涂料又称为仿花岗岩真石漆或花岗岩真石漆，简称岩片漆，是一种环保型建筑涂料，不含有任何溶剂型物质，呈现出类似砂壁的质感。它代表了传统真石漆的改良与进步。该涂料具有卓越的安全性能，不仅能降低建筑荷载，保障建筑物的安全；同时，还大幅度减轻了施工人员在搬运及安装过程中所承受的劳动负担。此外，其施工过程简便，更新维护方便，成本效益显著。因此，它被广泛用于高端公共建筑、私人别墅、酒店、商务楼宇和政府机构大楼的外墙装饰工程。

以下主要介绍仿花岗岩大理石涂料，也称为液态花岗岩大理石涂料或多彩漆，其外观色彩能够逼真地模仿天然花岗岩和大理石的纹理和效果。其涂层表面平滑细腻，施工流程简单。图2-25（a）中可以观察到仿花岗岩大理石涂料有效地弥补了传统真石漆在模仿岩石片状效果方面的不足，展示了花岗岩的天然纹理和质感特征。图2-25（b）中的此类涂料以其多姿多彩的色调而受到青睐，色板提供了该系列产品的色彩选择，是消费者在选购时的一个重要参考依据。

（a）仿花岗岩大理石涂料

（b）仿花岗岩大理石涂料色板

图2-25 岩片涂料

（一）特点

（1）固色性好 具有较强的结合力，并且由于其不含色浆成分，确保了固有色泽的持久性。在长期暴露于雨水浸泡和阳光直射的环境中，该涂层的表面也难以出现褪色、泛白或泛黄现象。

（2）施工方便 其产品稳定性良好，且内部材料的混合比例均匀一致。即便在大面积施工或长时间施工过程中，最终的施工效果也能保持一致，涂刷后的表面均匀，无色差。

（3）保温性强 因此该涂料能够为建筑提供良好的隔热效果，尤其适用于外墙涂饰。

（4）安全系数高 其轻质特性减轻了建筑结构的负荷，而憎水涂层的存在则进一步保障了建筑的耐久性，防止碳化现象的发生。

（二）选购方法

（1）查看粒子度 优质岩片漆中，彩色颗粒在保护性水溶液中清晰可辨，无多余悬浮杂质，这表明其质量上乘；反之，若产品中颗粒浑浊，则暗示着可能存在质量问题。

（2）关注售价 正规厂家生产的涂料遵循既定配方，其售价通常处于合理区间。而那些质量较差的产品，往往在生产过程中会削减成本，甚至有些属于非法仿造，售价相对低廉。消费者在购买时应当细心鉴别，避免遭受欺诈。

2.3.4 艺术涂料

艺术涂料也称为肌理涂料或马来漆，它关注的是物体表面的组织结构，即那些交织、高低起伏、粗糙与平滑的纹理变化。这些纹理是构成物象质感、塑造形态及渲染视觉效果的关键要素。

图2-26（a）中的艺术涂料中的固态成分多样，采用桶装密封包装，施工时应加水调和至适宜黏稠度。图2-26（b）中的艺术涂料能呈现出柔和的立体造型，通过添加光泽剂、使用压花辊筒和模板等手法，可进一步增强其立体效果。图2-26（c）中的艺术涂料与不同类型的罩面漆搭配后，不仅增强了视觉表现力，还使得表面柔滑光洁，呈现出类似薄雾般的优雅效果，并且具备一定的吸声性能。

（a）艺术涂料 （b）涂料质感 （c）涂料肌理

图2-26 艺术涂料及其质感和肌理

（一）特点

肌理涂料因其独特的视觉与触觉肌理效果，在装修领域深受青睐。该涂料能逼真地模拟布料、皮革、纤维、陶瓷砖、木材及金属等多种装饰材料的表面质感，广泛应用于电视背景墙、沙发背景墙、床头背景墙、餐厅背景墙、玄关背景墙以及吊顶和灯槽内部顶面的设计之中。

（二）选购方法

在选择肌理涂料时，应关注其水溶性特征。经过一段时间的储存，优质的涂料表面会形成保护胶黏剂溶液。检查漂浮物是判断涂料质量的重要手段；高质量涂料在保护胶黏剂溶液表面通常无漂浮物或仅有少量彩粒。然而，若表面漂浮物较多，会覆盖整个保护胶黏剂层，甚至形成一定厚度，则表明该涂料质量较差。

2.3.5 硅藻涂料

硅藻涂料又称硅藻泥，是一种粉末状的装饰性涂料，主要由硅藻土经加工处理后，辅以多种助剂混合而成，其本质是一种纯天然的环保型内墙装饰材料。此类材料可有效地替代传统的壁纸或乳胶涂料，广泛应用于现代建筑内部装饰领域。施工时，通常将硅藻泥与水按照比例调和。

图2-27（a）中的硅藻涂料不仅是新型环保型材料，而且具备一定的消除甲醛、释放负氧离子的功能，因而被广泛认为是一种具备呼吸功能的环保功能性壁材。图2-27（b）中展示了涂料调和的状态，调和后的硅藻涂料完全干燥需要48h。在此期间，为确保施工界面的湿润度，可在其表面喷洒少量清水。硅藻涂料在选择性方面表现出较高灵活性，提供的花纹选择也相当丰富，如图2-27（c）所示。其应用频率较高，能赋予墙面更为丰富的自然质感；同时，使墙面装饰纹样及花饰更加多样化。

（a）硅藻涂料

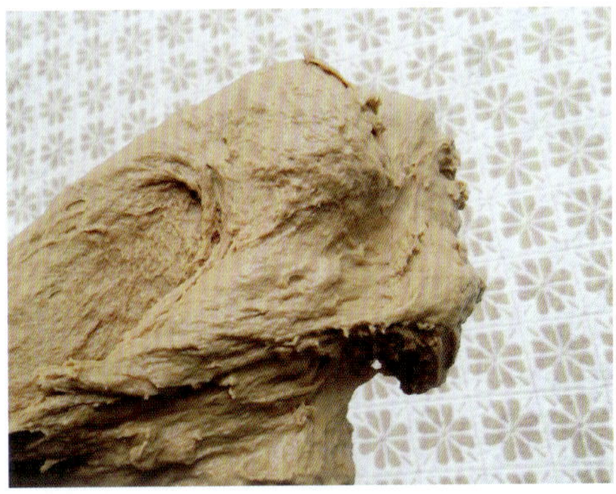

（b）硅藻涂料调和

（c）涂料效果

图2-27　硅藻涂料及其调和与效果

（一）特点

（1）硅藻泥作为一种纯绿色环保材料，不含任何污染成分或有害添加剂。

（2）该材料拥有卓越的吸附能力，能有效地清除空气中游离的甲醛、苯、氨等有害气体；同时，对于宠物、吸烟和垃圾引起的异味也有显著净化作用，从而优化室内空气质量。

（3）硅藻泥主要由无机物质构成，具备良好的阻燃性。在火灾发生时，不会产生对人体有害的烟雾。当温度达到1300℃时，材料仅呈现熔融状态，而不会释放有害气体。

（4）硅藻泥的降噪能力超过同等厚度水泥砂浆的两倍；同时，由于不易产生静电，墙面不易积尘，保持了室内环境的清洁。

（二）选购方法

（1）在挑选硅藻泥产品时，应优先考虑那些具备良好口碑和独立经营场所的知名品牌。

（2）高质量硅藻泥粉末触感干燥，不吸收水分。

（3）为进一步验证产品真伪，可进行水溶实验，真品在水中能恢复泥状。

（4）硅藻泥的吸附性可通过实验检测：在600mL的干燥塑料瓶中装入半瓶硅藻泥，吹入烟雾并密封摇晃，10min后若无烟味，即为正品。

2.3.6 防火涂料

防火涂料旨在应用于可燃性装饰材料及结构表面，以减少涂覆区域的燃烧行为，并延缓火灾的快速传播，进而提高被涂材料的耐火极限。该类涂料除具备常规涂料的防护特性，如防锈、防水、防腐、耐磨损等，以及涂层的基本属性，包括坚韧度、着色能力、黏附性、易干特性和光泽度外，其材质本身应具备不燃或难燃的特性，且不促进燃烧过程。

如图2-28（a）所示，防火涂料能够隔绝火源与底材，有效延长热能渗透装饰材料的时间，从而减缓或抑制火焰传播。尽管防火涂料中部分成分的作用与传统涂料相似，但某些成分在性能和用量上的特殊要求，赋予了其独特性能。图2-28（b）中的经过防火涂料处理的龙骨，防火和阻燃性能能够显著提升，为建筑提供了更高水平的安全保障。

（a）防火涂料

（b）涂刷龙骨

图2-28　防火涂料与涂刷龙骨

（一）分类

（1）非膨胀型防火涂料主要用于木材、纤维板等板材材质的防火。此类涂料主要用于木结构屋架、隔墙、顶棚、门窗等结构的表面。

（2）膨胀型防火涂料主要用于电缆、聚乙烯管道及绝缘板的保护。其中，乳液型和溶剂型膨胀防火涂料特别适用于建筑物、电力设施及电缆的防火处理。

图2-29（a）中的膨胀型防火涂料在火灾发生时，涂料中的膨胀剂在高温作用下分解产生气体，使涂料体积迅速膨胀，形成碳化层。膨胀型防火涂料既可应用于建筑结构的防火隔热处理，如木结构、钢结构、混凝土结构等，也可应用于电缆的防火保护，防止电缆因火灾导致短路、断电等事故，如图2-29（b）所示。

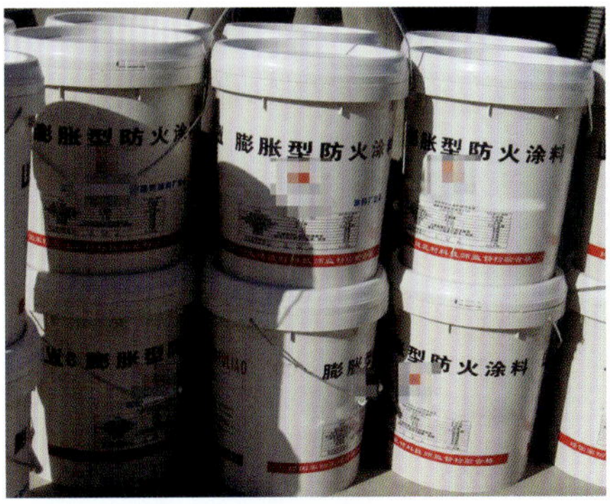

（a）膨胀型防火涂料

（b）防火涂料用途

图2-29 膨胀型防火涂料与防火涂料用途

（二）选购方法

（1）查验防火涂料防火性能 膨胀型防火涂料在高温作用下，能够迅速发泡并显著膨胀，确保在数分钟内不出现烧损迹象。与此相对，假冒或低劣的防火涂料往往不具备发泡性能，会导致大量脱落和碎裂，进而使木质基层迅速遭受燃烧破坏。

（2）认清防火涂料的阻燃性能 在挑选防火涂料时，应仔细鉴别其燃烧性能，以防使用质量不合格的产品，无法达到预期的防火保护效果。

（3）查看合格证书与选择品牌 市面上销售的防火涂料，必须具备国家消防产品检验合格证明。此外，选择信誉良好的品牌，可以进一步保障居家防火安全。

2.3.7 防水涂料

防水涂料是指那些涂覆于建筑或装修表面，通过化学反应生成薄膜，以隔绝水分，实现防水和密封功能的材料。这类涂料在固化后，形成的防水膜具备一定的延展性、弹塑性、抗裂能力、抗渗透性能及耐候性，能够有效实现防水、防渗及保护作用。通常，这类涂料的涂装材料为黏稠液体。

（一）“堵漏王”

“堵漏王”是指一种具有高性能，并且集无机材料、无碱配方及防水、防潮、抗裂、抗渗、堵漏于一体的新型高科技产品，能够迅速凝固且密度和强度都极高。它能在搅拌后1min开始凝固，3～4min终凝，适用于防水、带水带压、立刻止漏等工程。

图2-30（a）中的“堵漏王”施工过程极为简便，仅与水混合搅拌便可投入使用，具备无毒性、无害性及环保性。“堵漏王”在处理厨房、卫生间、地下室、屋顶等非伸缩性混凝土或砂浆结构，以及对穿墙管道、套管周边的缺陷、阴角位的修补方面，展现出了显著的成效，如图2-30（b）所示。

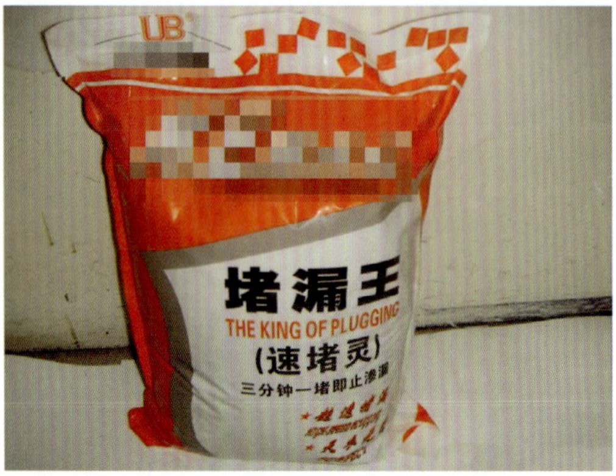

（a）“堵漏王”

（b）“堵漏王”的用途

图2-30　“堵漏王”及其用途

（二）聚氨酯防水涂料

聚氨酯防水涂料是由多种材料经过混合等工艺加工而成的单组分涂料。此类涂料属于反应固化型，具备高强度、大延伸率、良好的耐水性等特性，能够适应各种基层。此外，该涂料绿色环保，无毒性、无异味、无污染，不会对人体造成伤害。

图2-31（a）中的聚氨酯防水涂料的黏结性能优良，耐气候性、耐老化性突出，成功地克服了双组分聚氨酯防水涂料在计量和搅拌方面的不足，施工便捷，能够解决基层开裂导致的渗漏问题。图2-31（b）中的单组分聚氨酯防水涂料是一种反应型湿固化成膜的防水涂料。使用过程中，将其涂抹在防水基层上，通过与空气中湿气的反应来实现固化交联，最终形成坚韧、柔软的橡胶防水膜。

（a）聚氨酯防水涂料

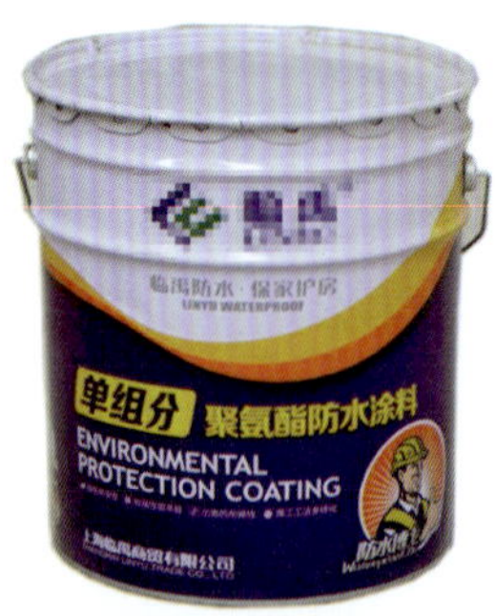

（b）单组分聚氨酯防水涂料

图2-31　聚氨酯防水涂料与单组分聚氨酯防水涂料

（三）JS防水涂料

JS防水涂料，也称为聚合物水泥基防水涂料，是一种由多种添加剂构成的双组分水性建筑防护材料。此类涂料具备环保特性、稳定的性能以及持久的防水效果；其施工过程安全、便捷，支持涂刷、辊涂和刮抹等多种操作方式。即便在潮湿但无积水的基面上也能直接进行施工作业，见图2-32。

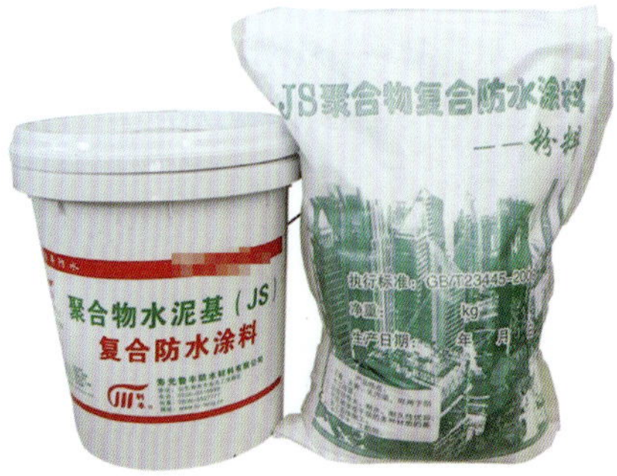

图2-32　JS防水涂料

JS防水涂料是一种环保型材料，根据应用需求，可分为JS-Ⅰ型防水涂料和JS-Ⅱ型防水涂料两种类型。

（1）JS-Ⅰ型防水涂料　专为应对较大形变区域而设计，如屋顶、地下室等部位（图2-33）。该涂料为水性配方，具有无毒、无害、无污染的环保特性，可直接应用于混凝土表面，并且能够牢固黏结。此外，其凝结时间较短，施工后仅需等待2h即可开展后续工序。

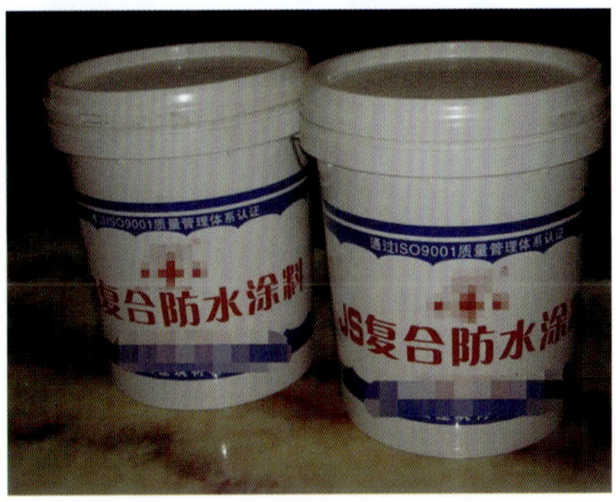

图2-33　JS-Ⅰ型防水涂料

（2）JS-Ⅱ型防水涂料　适用于形变较小的区域，如外墙、卫生间等（图2-34）。该型防水涂料由先进工艺合成的多元聚合物构成，广泛应用于卫生间、浴室、厨房、阳台、水池以及墙面、木地板的防潮处理。在大型防水工程中，它表现出优异的性能，同时也适用于具有装饰性要求的外墙面、斜坡屋顶以及潮湿环境的防水施工。

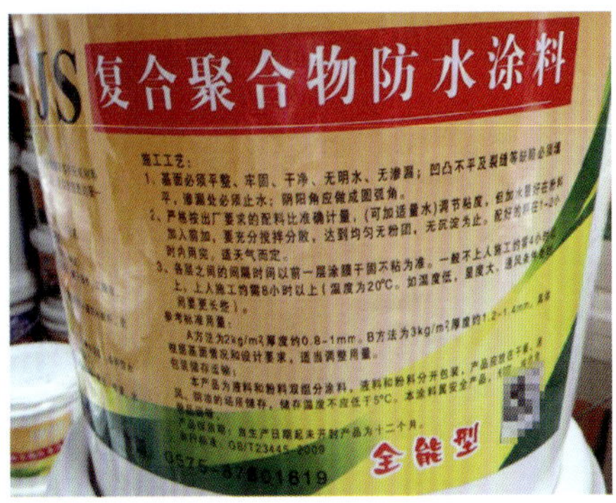

图2-34　JS-Ⅱ型防水涂料

（四）防水剂

防水剂作为一种化学增强材料，被掺入水泥基质中，以在水泥凝固硬化的阶段实现体积的适度膨胀。这种膨胀有助于补偿材料收缩，同时有助于增强结构的整体性和稳定性，进而填充水泥结构中的空隙。其应用范围广泛，涉及地下室、卫生间、蓄水池、净化池等多种结构的防水施工。

为了优化防水效果，此类化学添加剂往往与多种防水涂料联合使用。市场上流行的防水剂品牌主要包括如下。

（1）**“房屋医生”防水涂料** 是一种具有高涂刷便利性、卓越黏结强度、成膜后高韧性、耐低温不脆裂及耐高温不分解特性的液体（图2-35），适用于多种基材表面及裂缝处理，如混凝土、沥青、油膏、卷材、砖石、石材、灰浆等。

（2）**“黑金刚”防水材料** 是一种采用无机渗透结晶技术研制而成的高端新型防水材料（图2-36），具有与建筑结构同等寿命的长期稳定性。其施工便捷、成本效益高、适用范围广泛，无论是迎水面还是背水面，均有卓越的防水性能，是一种性价比极高的防水材料。

图2-35 “房屋医生”防水涂料

图2-36 “黑金刚”防水材料

（3）**水泥防水剂** 是一种水泥外加剂，具备持久的防水效果、广泛的适用性、便捷的施工流程、低廉的成本以及环保安全性，见图2-37（a）。

图2-37（b）中展示了防水剂隔离水分子的效果，防水剂通过改变建筑材料的特性，能够有效解决渗透问题，增强了砂浆与混凝土的密实性，提升了其抗压与抗拉性能。它在建筑物的表面形成持久性的防水层，确保屋面不会出现膨胀、变形或脱落等现象，从而延长了使用寿命。防水剂被掺入水泥混合物中，随着水泥的凝固与硬化过程，其体积会相应膨胀，从而发挥补偿水泥收缩、增强结构整体性以及有效填充水泥间隙的功能。

（a）水泥防水剂　　（b）隔离水分子效果

图2-37 水泥防水剂及其隔离水分子效果

（五）K11防水涂料

K11防水涂料是一种高效的高分子防水材料，其核心成分是独特且活性极高的聚合物粉末，辅以合成橡胶、丙烯酸酯等合成材料，经过精心设计的乳液共混技术研制而成。

该涂料具有优异的密封性能，能够有效覆盖细微裂缝，抵御轻微振动带来的影响。在湿润的基层上施工时，不必预先铺设砂浆保护层，可直接进行瓷砖粘贴等后续工程。其结晶体能够深入基材的毛细孔，显著提升抗渗和抗压强度。

图2-38（a）中的K11防水涂料无毒无害，适宜直接应用于饮水池和鱼池等对卫生要求较高的场所。涂层具备抑制霉菌生长的特性，能够有效防止潮气对装饰面的侵害。图2-38（b）中的K11柔性防水涂料采用先进技术，能够在建筑物表面形成坚韧的防水膜，有效阻挡水分渗透。

（a）K11防水涂料

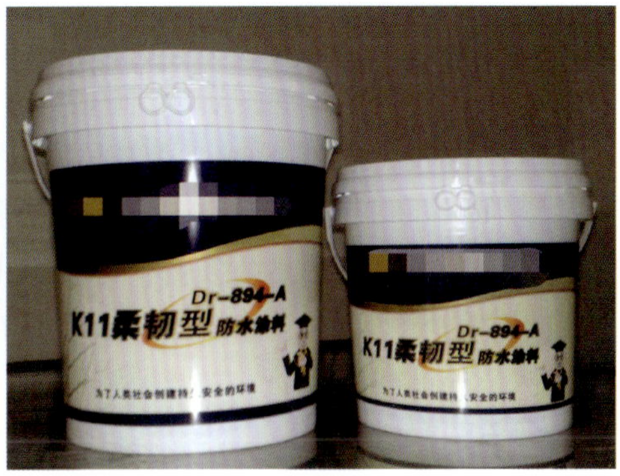

（b）K11柔性防水涂料

图2-38　K11防水涂料与柔性防水涂料

2.3.8　防霉涂料

防霉涂料通过加入抑制霉菌生长的特殊添加剂，实现了功能的拓展。此类涂料在基料固化后，形成的漆膜具备高度的密实性，从而有效阻止空气中水分及营养物质的渗透，其表面干燥速度较快，具有显著的抗菌防霉性能及优良的防水特性。无论是处于潮湿还是干燥环境，涂覆后的表面涂层均能保持稳定，不易脱落，进而达到优异的防霉抗菌效果。

如图2-39所示的防霉涂料主要应用于通风条件较差、光照不足的卫生间、厨房、地下室等潮湿区域。其适用范围广泛，包括木质材料、水泥墙体等多种基底，以实现有效的防霉处理。

图2-39　防霉涂料

（一）特点

现代防霉涂料不仅具备装饰性，更强调防霉功能的整合。除了专门的防霉剂外，其所使用的颜料及各类助剂同样具备抑制霉菌生长的作用。

（二）选购方法

在选购防霉涂料的流程中，若条件允许，可要求商家现场开启涂料进行检验。观察是否存在分层，此现象通常表明涂料质量低劣。另一种检测方法为利用木棍搅拌，若涂料在木棍上附着时间较长，则表明其品质较佳。

2.3.9　固化涂料

（一）墙固涂料

墙固涂料具有卓越的渗透性，它能深入墙体底层材料表面，实现对其的充分浸润。通过胶黏作用，使底层变得更加密实，增强界面间的附着力，进而提升灰浆或腻子与墙体表面的黏结强度，有效防止空鼓现象的发生。此类涂料适用于砖混墙面的抹灰或批刮腻子前，对底层进行密实化处理（图2-40）。

（a）墙固涂料

（b）黄色墙固涂料涂刷

图2-40　墙固涂料与黄色墙固涂料涂刷

墙固涂料选购方法如下。

（1）查看固体含量　固体含量较高的墙固涂料产品更适用于墙面水泥造毛的处理。经过固化处理后，水泥表面硬度增加，从而为瓷砖粘贴提供坚实的基础。

（2）选用浅彩色墙固涂料　浅色调的墙固涂料上墙后的显色效果显著，这有助于检测涂层的完整性，如是否存在漏涂现象。此外，通过观察色泽的深浅变化，施工人员能够有效评估涂层的均匀性和涂刷的充分性。

（3）查看黏稠度　墙固涂料并非黏稠度越高越好。过于黏稠的涂料可能添加了增稠剂，这可能会降低其黏结强度和渗透能力。

（二）地固涂料

地固涂料主要功能是对水泥地面进行封闭处理，防止装修初期出现的“跑沙”现象。此类涂料在装修工程中的应用至关重要，以确保地面的稳定性和后续施工的质量。

图2-41（a）中的地固涂料由基料、填料以及助剂复配而成，基料为高分子聚合物、着色粒子，填料为聚合物微粉，助剂为润湿分散剂、流平剂等。地固涂料与墙固涂料一样具有丰富的色彩，可以有效丰富空间的视觉效果，如图2-41（b）所示。

地固涂料选购方法如下。

（1）查看品牌 优先考虑市场评价好、售后服务优良的品牌。

（2）查看储存环境 地固涂料不应与其他化学制剂混合，且必须单独存放于阴凉干燥的环境中。

（3）查看色泽 地固涂料提供多种颜色选择，应确保所选颜色纯净，无杂质或其他颜色混合。

（4）查看环保指数 高品质的地固涂料应具备优异的环保属性，可通过检查产品标签上的参数，确保选购的产品符合环保标准，属于绿色环保材料。

（a）地固涂料

（b）彩色地固涂料涂刷

图2-41 地固涂料与彩色地固涂料涂刷

如图2-42（a）所示，在混合地固涂料的过程中，偶尔会出现微小气泡。可取商家提供的样品进行试验性混合，经过充分搅拌，若气泡能够逐渐消失或减少，则该涂料可被视为高品质的地固涂料。图2-42（b）中的生态地固涂料具备环保性，防潮、防霉等性能也十分不错，适合室内使用。

（a）地固涂料混合

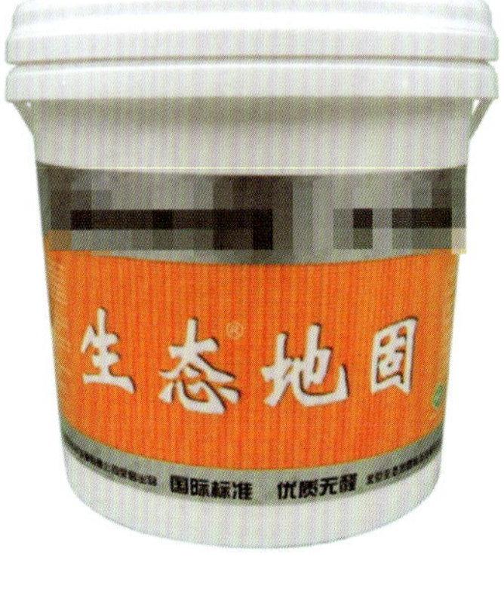

（b）生态地固涂料

图2-42 地固涂料混合与生态地固涂料

2.4 辅助材料

在涂装施工中，辅助材料及配件的作用不容忽视。这些材料通常用于涂刷涂料前的基层处理，或在涂装过程中提供必要的辅助。通过选用优质的辅料及配件，并辅以精湛的施工技艺，方能确保涂料涂刷的质量。

2.4.1 腻子粉

腻子粉是一种在涂料施工前用于预处理施工界面的成品填充材料。其主要功能是填充表面的孔隙，并调整施工面的平整度，从而为获得均匀、平滑的施工界面打下坚实的基础。

腻子粉的不耐水性特性在干燥地区（如北方）可能更为适用。若需满足耐水性与高黏结强度的要求，可通过混合水泥、有机胶粉、保水剂等辅助材料来增强其性能。将腻子粉与清水按照比例搅拌，即可形成可直接用于施工的水性腻子，这种操作便捷，简化了施工工艺。如需呈现彩色效果的墙面，可以通过在成品腻子中添加矿物颜料，如铁红、炭黑、铬黄等，以实现装饰效果。

图2-43（a）中的成品腻子粉通常呈现粉绿色，具有环保特性，不含有毒、有害物质，如甲醛、苯、二甲苯等挥发性有机物。如图2-43（b）所示，成品腻子粉可以在施工现场兑水即用，操作方便，工艺简单，应控制好水和腻子粉的比例。

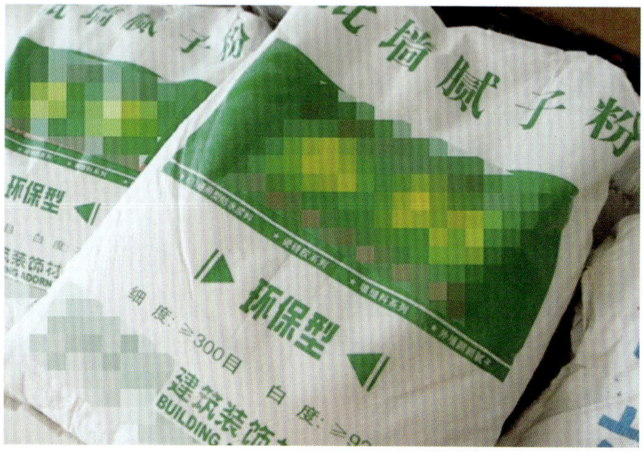

（a）腻子粉成品

（b）调色搅拌

图2-43 腻子粉成品与调色搅拌

（一）特点

（1）成品腻子粉为机械化生产的水性腻子粉，依据精确的配料比，有效避免了施工现场手工调配可能出现的偏差，从而提升了施工质量的整体水平。

（2）为了达到彩色墙面的装饰效果，可在成品腻子粉中掺入如铁红、炭黑、铬黄等矿物颜料，以增强其装饰性。

（二）分类

（1）一般型腻子粉 此类腻子粉适用于不需要耐水性的场合，主要由双飞粉（即碳酸钙）、淀粉胶及纤维素混合而成。淀粉胶遇水易溶解，故不具备耐水性能，适用于干燥气候的北方地区。

（2）耐水型腻子粉 主要用于需要耐水及高黏结强度的情况。该类腻子粉由双飞粉、灰钙粉、水泥、有机胶粉以及保水剂等多种成分构成，表现出良好的耐水、耐碱性及黏结强度。

（三）选购方法

（1）闻气味 通过开启包装并细致嗅闻腻子粉的气味，可以初步判断产品的质量。高质量的产品通常无任何明显气味，而那些带有异味的产品往往属于劣质产品。

（2）感受触感 取适量腻子粉于手中，仔细体会其干燥度。品质上乘的腻子粉应表现出极高的细腻度和干燥性，且在触摸时伴有轻微的灼热感。相对而言，触感冰凉的腻子粉多数已受潮。

（3）看所添加的材料 阅读包装上的说明，优质产品仅需加入清水搅拌后即可使用。若包装指示需添加901建筑胶黏剂或白乳胶，则表明该产品并非标准的成品腻子粉。

（4）查询防伪标志 正规产品包装上通常会标注执行标准、净重、生产日期、储存注意事项等信息，并且会附有认证标志。知名品牌的腻子粉制造商一般具有较强的防伪意识，其高质量产品在包装上会贴有防伪标识或数码防伪贴纸。消费者只需刮去涂层扫码或拨打电话即可验证产品的真伪。

2.4.2 石膏粉

石膏粉加入了增稠剂与促凝剂等添加剂，提升了石膏粉与墙体基层及构造的黏结性能。它主要应用于石膏板吊顶的修补、隔墙缝隙的填充，以及墙面线槽、未经石灰批覆的水泥墙面和墙面裂缝的处理。改良后的石膏粉具备快速固化、高硬度、良好的抗裂性和便于施工的特点。

图2-44（a）中石膏粉通常显现为白色、透明或无色，然而杂质的存在可能导致其呈现灰色、浅黄或浅褐等色泽。图2-44（b）中包装的石膏粉特点为：精细的制作工艺；洁白的色调；较高的强度；紧密的材质纹理；内部配备防潮塑料袋，封口严实；外观印刷精致且标识信息完备。图2-44（c）中石膏粉一般为白色粉末状，在加水搅拌过程中，应注意沿同一方向进行，以确保均匀混合。图2-44（d）中展示搅拌后的石膏粉可通过使用刮板，提取适量材料，并均匀涂抹于墙面上，以完成施工。

（a）石膏粉

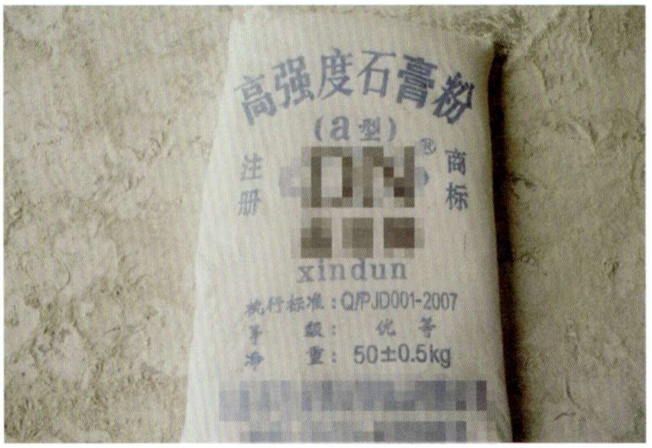

（b）包装的石膏粉

（c）石膏粉调配搅拌

（d）施工石膏粉刮墙

图2-44　石膏粉施工

2.4.3　原子灰

原子灰具有独特的物理、化学性质，尤其广泛应用于金属或光洁材料表面涂饰施工中。原子灰的原材料主要是无机非金属矿物，如高岭土、硅藻土、伊利石等。这些原料具有较高的纯度和细度，以保证原子灰的性能。

原子灰具有较高的抗压强度和抗拉强度，其强度甚至可以达到或超过传统金属材料。原子灰的密度较小，约为传统金属材料的30%。原子灰具有优异的耐磨性能，可以在恶劣环境下长期使用，减少了维护成本。此外，原子灰在摩擦过程中产生的热量较低，有利于降低能耗。原子灰具有良好的耐腐蚀性能，可以有效抵抗酸、碱、盐等化学物质的侵蚀，适用于各种腐蚀环境。图2-45（a）中原子灰呈米黄色，质地黏稠，在空气中的干燥时间为30～60min。原子灰多用于汽车钣金修复与找平，经过刮涂、打磨后喷漆，能够获得平整的外观，如图2-45（b）所示。

（a）原子灰　　（b）汽车外壳修补

图2-45　原子灰与汽车外壳修补

2.4.4　分色纸带

为了区分不同色彩的涂料或者避免污染非涂装区域，操作人员常常会用分色纸带作为隔离介质。此类纸带精心铺置于踢脚线上，便于涂装后轻松移除，保护下方区域不被涂料污染。当涂装工程完工时，撕除分色纸带，此时踢脚线与墙壁的界限清晰可见。同时，踢脚线的表面也能保持洁净状态。

贴分色纸带时，一般会将纸带的一半贴于分界线上，另一半则附着于报纸或其他柔性材料上，如薄膜等。此方法不仅能够保护踢脚线，也能确保与之相邻的地板等界面不受涂料的污染。

分色纸带与撕掉分色纸带见图2-46。

（a）分色纸带　　（b）撕掉分色纸带

图2-46　分色纸带与撕掉分色纸带

2.4.5 防裂网布

防裂网布作为一种新型建筑材料，主要用于增强水泥、石膏、墙体以及建筑物内外表面的防裂性能。该材料在外墙保温工程中表现出卓越的增强效果。同时，防裂网布通常具备施工简便的特点。

图2-47（a）中的防裂网布采用聚酯纤维制作，形成网格状，成卷销售。图2-47（b）中，在施工时将防裂网布满铺在砌筑墙面上，采用钉子固定，随后可满刮水泥砂浆找平，能有效防止墙面开裂。

（a）防裂网布　　（b）墙体挂防裂网布

图2-47　防裂网布墙体挂防裂网布

2.4.6 建筑胶黏剂

建筑胶黏剂主要成分为聚乙烯醇和水，辅以尿素、甲醛、盐酸和氢氧化钠等成分进行调配。其中，901建筑胶黏剂中的甲醛含量相对较低，符合国家相关环保标准。因此，与传统107和801建筑胶黏剂相比，其环保性能更胜一筹，已成为家居墙面施工中常用的基层处理材料。

图2-48（a）中的901建筑胶黏剂的使用频率比较高，环保系数优于其他类型建筑胶黏剂。如图2-48（b）所示，901建筑胶黏剂略显黏稠，在使用时一定要按照产品说明和所需的比例来进行调和。

图2-49（a）中的优质901建筑胶黏剂为袋装产品。如图2-49（b）所示，901建筑胶黏剂应在施工现场调配。用户应严格遵循包装上的指示，将胶黏剂与其他材料按照规定的比例混合均匀。注意，直接使用未调配的胶黏剂通常是不被推荐的，已经调配好的混合物也不应长时间存放。

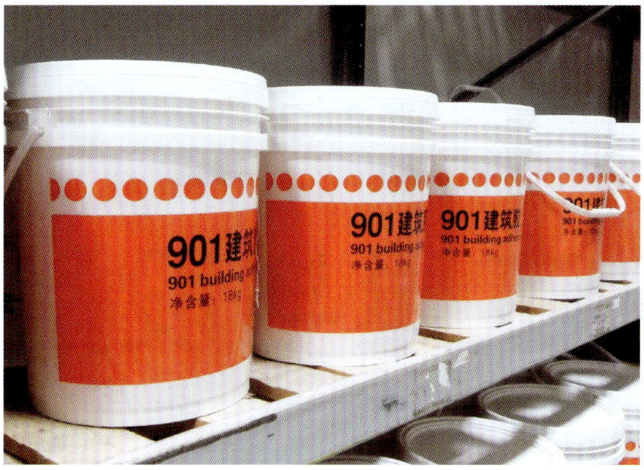

（a）901建筑胶黏剂

（b）调和

图2-48　901建筑胶黏剂与调和

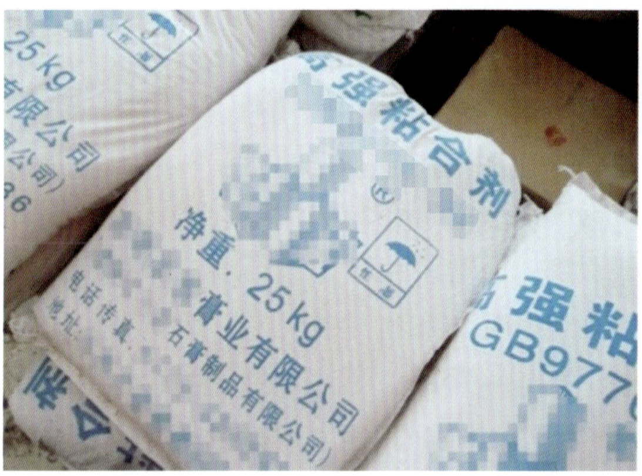

（a）袋装建筑胶黏剂

（b）调配

图2-49　袋装建筑胶黏剂与调配

第3章

涂饰涂装工具与设备

操作难度： ★★★☆☆

核心概念： 手工工具、电动工具

章节导读： 在当今建筑装饰领域迅猛发展的背景下，相关施工设备的现代化水平也同步提升。墙面基层的清理环节成为涂饰涂装施工中至关重要的步骤。同时，利用手工或机械等多种技术手段，将涂装基层表面附着的灰尘、油污、残留旧涂膜等杂质及疏松物质予以清除，可以提高涂层附着力及整体施工品质。钢结构和混凝土等基材表面常见的凹陷、孔洞、裂缝等不规则瑕疵，通常采用腻子进行填充和找平处理。这种做法不仅美化了物体和构件的外观，而且有利于提升涂层表面的光泽度与平滑度。图3-1中展示的涂饰涂装工具种类繁多，主要用于涂饰界面，可实现修饰、磨平、维护等功能。其中，手工工具居多，价格较低，便于大量采购。

图3-1　涂饰涂装工具

3.1 基础手工工具

在墙面基层处理过程中，手工清理主要包括刮除和铲除这两个步骤，实施时所用到的工具多样，如刮板、铲刀（或刮铲）、砂纸打磨工具以及涂饰用刷子等。

3.1.1 基层清理工具

（1）刮铲 刮铲工具具有薄而宽的刀片，其柔韧性较强，且不需要过于锋利，表面应保持平滑，无缺口。在处理墙面上的水泥砂浆块或去除金属表面硬结时，需牢牢握持刀柄，将大拇指置于刀柄顶端施压。同时，保证铲刀的刃部呈斜面状，以便于刮除作业。在调配腻子时，以食指压紧刀片，其余四指紧握工具手柄，进行正反两面的交替搅拌。注意应避免刀片过于锋利，以防刮起腻子板上的木质部分混入腻子中，从而影响腻子的纯净度。

清洁用铲刀尺寸范围通常在45～80mm，并且其长柄设计允许安装可替换的刀片，这些刀片适用于清除老旧涂料层或各类污渍。

图3-2（a）中的墙面铲刀，主要用于铲除涂饰界面上的粉团、疙瘩，也用于涂料调和与搅拌。图3-2（b）中的清洁铲刀，主要用于铲除涂饰界面上的不干胶或残留的黏稠污垢。

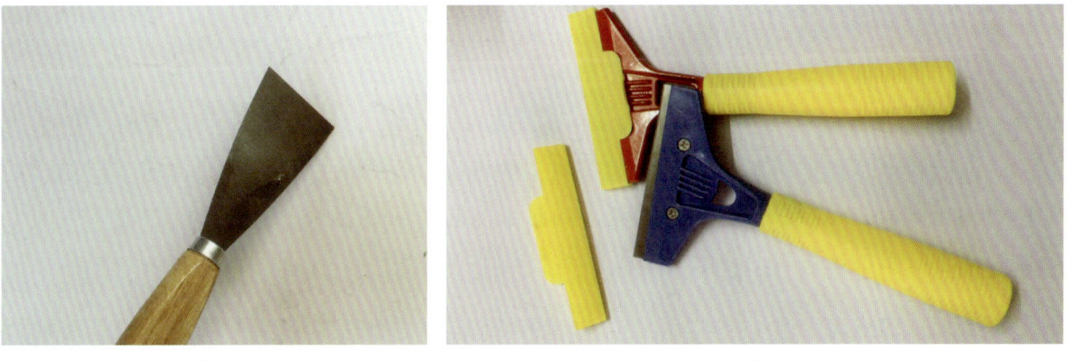

（a）墙面铲刀　　（b）清洁铲刀

图3-2　刮铲工具

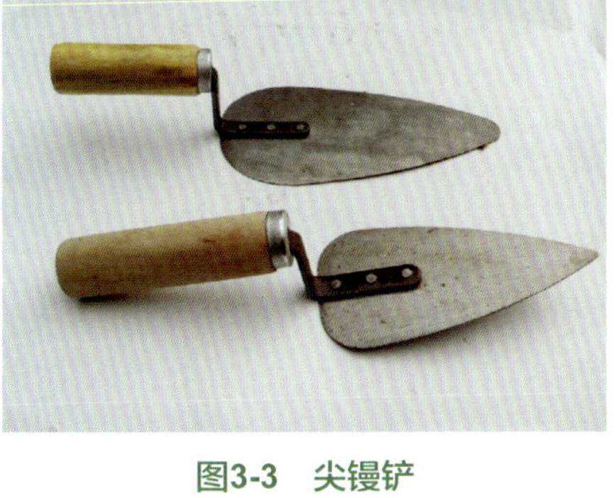

图3-3　尖镘铲

（2）尖镘铲 尖镘铲刀片具备两种主要规格，分别为125mm与150mm。尖镘铲主要用于移除基层的松散附着物以及墙面陈旧的抹灰层，或修补较大规模的裂缝与空洞，见图3-3。

（3）钢丝刷 钢丝刷可根据具体需求，选择不同型号的钢丝以及不同直径的刷子。钢丝刷分为直丝与波纹丝两种类型，其粗细程度可根据不同的清洁要求进行调整。钢丝刷主要用于去除铁锈、污垢以及松散的沉积物，见图3-4。

（4）**掸灰刷** 掸灰刷规格多样，包括单股与多股的设计。掸灰刷主要用于清除涂饰面上的悬浮灰尘，见图3-5。

图3-4 钢丝刷

图3-5 掸灰刷

3.1.2 调、刮腻子工具

（一）腻子刀

腻子刀是由木制手柄与薄钢片组合而成，其刀板设计既薄又具有一定的弹性，具备良好的抗弯曲和变形性能。腻子刀主要用于腻子的调配、均匀涂抹，以及清理腻子疤和砂灰等作业，见图3-6（a）。腻子刀调配腻子或原子灰时，应在包装容器以外的容器或板面上进行操作，避免包装容器中的物料加速氧化，见图3-6（b）。

（a）腻子刀　　（b）调配

图3-6 腻子刀与调配

（二）托板

托板通常由油浸胶合板、复合胶合板或者厚度适中的塑料板制成，主要用于混合和支撑各种腻子和填充材料，尤其在填补较大缝隙和孔洞时，可用于承载砂浆。

方形托板主要用于承托腻子或找平砂浆，是临时存放、搅拌材料的平台，见图3-7（a）。而塑料托板与方形托板功能相近，但是它能辅助涂抹用于找平的腻子、砂浆等材料，见图3-7（b）。托板在施工中主要用于临时放置少量材料，以防止材料因长期存放而氧化干固，见图3-7（c）。

（a）方形托板　（b）塑料托板　（c）托板施工

图3-7　腻子托板与施工

（三）刮刀

涂抹腻子的常用工具为刮刀，刮刀可分为钢制、牛角制以及橡胶制等。装有手柄的薄钢片刮刀是行业的首选工具，适用于腻子的批刮和底层表面的清理作业。

（1）钢片刮刀　采用钢板加工而成，宽度范围在50～120mm，长度则在80～100mm。刮刀的刀尖部分设计得较薄，以优化腻子的施工效果。整体而言，刮刀呈现出一种下宽上窄的形态，见图3-8（a）。

钢片刮刀主要用于腻子或找平砂浆的刮涂施工。用钢片刮刀施工时施工人员的技术与经验至关重要，对手感、力度、角度和幅度的掌握都会影响施工质量，见图3-8（b）。

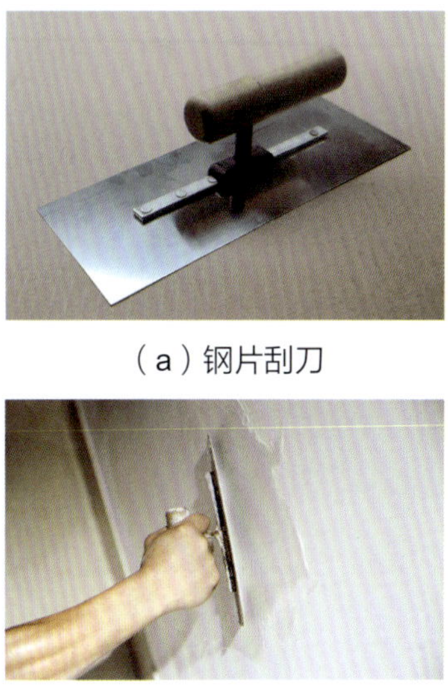

（a）钢片刮刀

（b）钢片刮刀施工

图3-8　钢片刮刀与施工

（2）塑胶刮刀　作为树脂材料的制品，其尺寸、形态及边缘薄厚度与钢质刮刀相近。这种工具特别适用于大面积区域的腻子涂覆作业，能提高效率且确保良好的涂覆效果。

图3-9（a）中的塑胶刮刀主要用于软质油性材料的刮涂施工，尤其是调配成黏稠度较高的基础涂饰找平材料，例如含水量较高的调和腻子。图3-9（b）中的塑胶刮刀施工刮涂的厚度较大，更适用于平整度较差的水泥砂浆墙面或素砖墙面。

（a）塑胶刮刀

（b）塑胶刮刀施工

图3-9　塑胶刮刀与施工

（3）牛角刮刀（图3-10）　由牛角制成，设计上一端略斜且薄，另一端逐渐变窄和增厚。在处理凹凸不平或缝隙填充时，只需简单地进行两次刮擦，即可轻易达到平滑效果。它常作为调色时的辅助工具。

（4）橡胶刮刀（图3-11）　由橡胶与溶剂混合制作而成，其顶部设计为弧形，底部为薄刃。此类刮刀在处理软硬表面时展现出良好的适应性，但它并不适合用于较大区域的腻子涂覆。此外，由于它具备一定的弹性，所以涂覆效果不够理想，难以实现均匀的薄涂层。橡胶刮刀主要用于形状复杂或弧形表面的涂装作业。

图3-10　牛角刮刀

图3-11　橡胶刮刀

3.1.3 打磨工具

（1）砂纸 砂纸常用于处理金属与木材表面，能够提升其表面平滑度和光洁度。该工具主要由原纸表面黏附不同粒度的研磨砂粒构成，具备较高的纸质强度与耐磨性，同时具有良好的耐水性。

根据打磨需求的不同，选择的砂纸也会有所不同。实木白坯的打磨应使用180#～240#的砂纸；夹板或初步涂漆的表面，以220#～240#砂纸为宜；平整涂漆表面的打磨，320#～400#砂纸是理想的选择；而针对最后一遍底漆或面漆的打磨，应采用600#～800#的砂纸；面漆抛光使用1500#～2000#的砂纸；在需要打磨圆润物体的场合，海绵砂纸则为优先选项。

图3-12（a）中采用的干磨砂纸，以合成树脂作为胶黏剂，将碳化硅磨料固定于原纸上，砂纸表面因此具有显著的粗糙感，能使处理后的表面变得光滑，通过添加抗静电涂层，从而制成高品质产品。图3-12（b）中采用的海绵砂纸的生产效率高，且能确保优质的加工表面，同时具备较低的生产成本。

（a）干磨砂纸

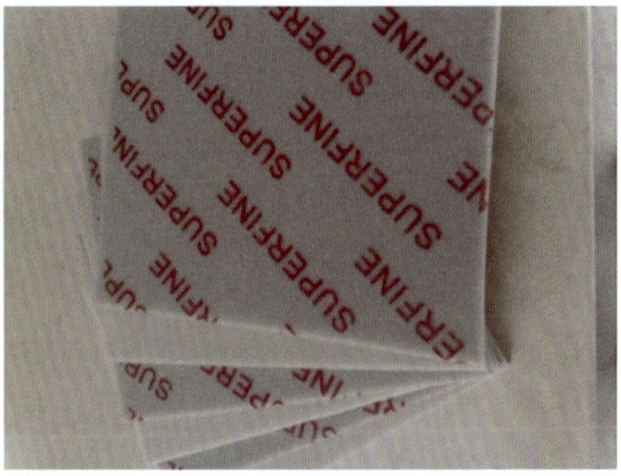

（b）海绵砂纸

图3-12 砂纸

（2）打磨块 打磨块是固定砂纸，以维持其平面状态的工具，适用于高效摩擦施工。图3-13（a）中的打磨砂纸架主要用于涂饰界面基层表面的清理、腻子的打磨处理。图3-13（b）中的可伸缩打磨砂纸架，能延伸打磨砂纸架的长度，适用于墙面高处的打磨。

（a）打磨砂纸架

（b）可伸缩打磨砂纸架

图3-13 打磨块

3.1.4 涂饰工具

常见的涂饰工具包括刷子、辊筒及喷枪，各自对应涂刷、辊涂和喷涂三种施工方法。施工顺序一般遵循从高处到低处的原则，依次为天花板、墙壁、门窗、踢脚板、窗棂等部位。

（一）涂刷工具

（1）排笔（图3-14） 排笔的鬃毛质地柔软，特别适用于处理黏度较低的涂料，如粉浆、水性内墙涂料、乳胶涂料、虫胶漆以及丙烯酸涂料等。使用过的排笔，必须使用清水或相应溶剂进行彻底清洗，并整理笔毛至自然状态，以保存其弹性。应避免长时间将排笔放置于涂料桶中，以免笔毛弯曲、松散，进而丧失其原有的弹性。

图3-14 排笔

图3-15中使用排笔蘸涂料时，应适度放松拇指，使笔毛端部向下倾斜；蘸取涂料后，应在容器边缘轻敲排笔，促使涂料集中于笔毛顶端，同时让多余涂料滴落。图3-16中在实际涂刷作业时，应以右手握持排笔的右上角，同时用拇指固定，其余四指团成拳状以稳定排笔。

图3-15 蘸浆时拿法

图3-16 刷浆时拿法

（2）油刷 主要由猪鬃、马鬃或合成纤维制成刷毛，并通过镀镍铁皮及胶黏剂与木质或塑料手柄相连，构成手工涂装的关键器具。油刷的种类与规格，见表3-1。

与排笔相比，油刷的刷毛具有更高的弹性和韧性，适用于处理黏度较高的涂料品种，如酚醛树脂涂料、醇酸树脂涂料、酯胶清漆（又称耐水清漆）、清漆、调和漆以及各种油性色漆等。

表3-1　油刷的种类与规格

分类		规格与用途	图例
按照刷毛宽度		12.7mm、25.4mm、38.1mm、50.8mm、63.5mm、76.2mm、88.9mm、101.6mm、114.3mm、152.4mm等	
按照刷毛种类		主要有纯猪鬃刷、马鬃刷、合成纤维刷等	
按照刷柄长短形状		主要有直把刷、弯把刷、长柄刷等	
按照油刷用途	平刷	由纯鬃或合成纤维制作，规格有25.4mm、38.1mm、50.8mm、63.5mm、76.2mm、88.9mm等。用于门窗表面和边框的涂刷	
	墙刷	由鬃、人造纤维混合制作，规格有88.9mm、101.6mm、114.3mm、152.4mm等。适用于大面积涂刷水性涂料或胶黏剂	
	板刷	由白猪鬃或羊毛制作，规格与普通油刷相似。羊毛刷与排笔相似，可用于涂刷硝基清漆、聚氨酯清漆、丙烯酸清漆等	
	清洗刷	由混合刷毛或天然纤维制作，并用铜丝捆扎成束状。用于清洗或涂刷碱性涂料	
	修饰刷	由镀镍铁皮将刷毛固定成扁形或圆形，扁形刷宽度为5～28mm，圆形刷直径为3～20mm。主要用于涂刷细小且不易刷到的界面	
	漏花刷	刷毛为短而硬的黑色鬃毛，用于在雕刻漏花的印版上涂刷涂料，以达到装饰效果或印刷功能	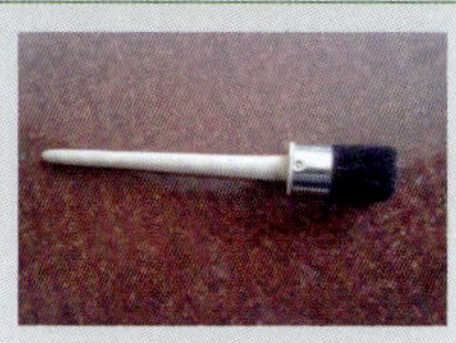

续表

分类		规格与用途	图例
按照油刷用途	画线刷	由金属箍将鬃毛固定成扁平状，并切成一定斜角，宽度有6mm、12mm、18mm、25mm、31mm、37mm等。它常与直尺配合用于画线	
	长柄刷	由刷子与长铁棍固定组合而成，长铁棍可弯曲，规格有25.4mm、38.1mm、50.8mm等。用于铁管或散热器靠墙一面的涂刷	
	弯头刷	由镀镍铁皮将刷毛固定成圆形或扁形，刷柄弯成一定角度。扁形宽度为9mm、12mm、15mm；圆形直径为18～31mm。其用途与长柄刷相似，主要用于涂刷不易涂刷到的部位	

（二）辊涂工具

手工辊涂工具是指辊筒刷，它主要适用于对较宽区域进行均匀涂饰。该工具施涂效果自然，能够兼容多种类型的涂料。

图3-17（a）中的辊筒刷标准尺寸为$\phi40$～$\phi50$mm，长180～240mm。在处理较小面积或阴阳角时，可选用长度为120mm的短辊筒。施工高层表面时，可使用增设的延长杆。门框、窗框等细节部位，则适宜使用长度在50～80mm的窄辊筒进行精细涂刷。图3-17（b）中的辊筒涂刷时在同一区域要来回辊涂两遍，以保证涂料完全覆盖界面基层。

（a）辊筒刷规格　　（b）辊筒涂刷

图3-17　辊筒刷规格与辊筒涂刷

3.1.5 容器工具

涂料的储存容器，即涂料桶，通常由铁皮、钢板或塑料材质制成，用以盛装各类涂料。在喷涂作业中所使用的涂料桶与涂刷作业所用桶具，在结构上并无差异。其中，小型涂料桶的容量一般为4～10kg。

为了便于将涂料倒入喷枪中，铁皮桶的设计特点是有可以开合的盖子，并在盖子上设置有小型倒口，如图3-18（a）所示。图3-18（b）中的塑料桶多用于存放水性且无腐蚀性的涂料，可用于搅拌涂料，还可以短时存放涂料。

（a）铁皮桶　　（b）塑料桶

图3-18　铁皮桶与塑料桶

3.1.6 美工工具

（一）弹线定位工具

（1）钢卷尺　钢卷尺有多种长度选项，如2m、3m及5m等不同规格，以满足不同作业需求。

图3-19（a）中的钢卷尺用于施工时通过测量涂刷界面的长度、宽度，可快速获取施工面积等数据。图3-19（b）中，当卷尺长度不足时，可用铅笔在墙上做好标记，依据标记定位继续测量。

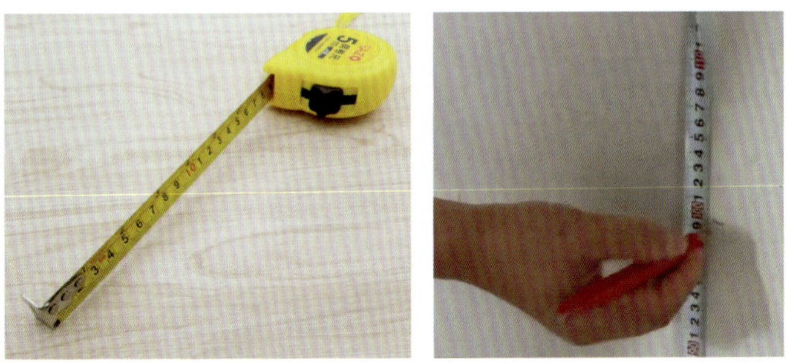

（a）钢卷尺　　（b）卷尺定位

图3-19　钢卷尺与卷尺定位

（2）线坠　线坠也被称为铅锤，是由金属（如铁、钢、铜等）制成的圆锥状物体，主要用于确定建筑物的垂直度，常见于建筑业的实际应用中。

图3-20（a）中的线坠由线盒与坠组成，坠为金属构件，且带有磁铁，能定位吸附金属构件，从而形成特定方向的直线。图3-20（b）中，在操作时将重物系于细绳一端，当地面静止时，绳索所在的直线便形成了铅垂线。

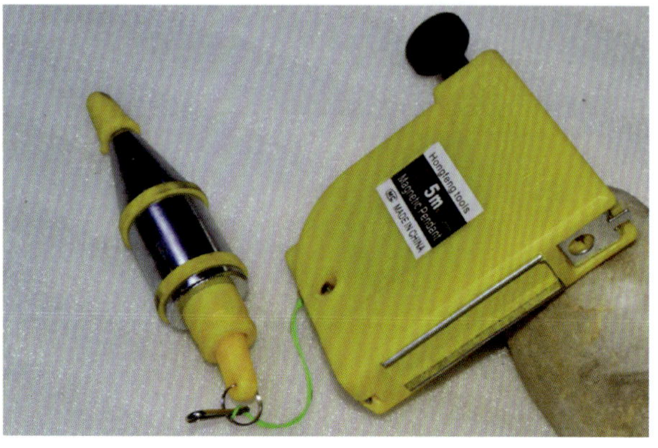

（a）磁力线坠

（b）线坠定位

图3-20　磁力线坠与线坠定位

（3）墨斗　墨斗在涂饰施工界面定位和测量工作中发挥着重要作用。

图3-21（a）中的手卷式墨斗内部为线轮，并装有墨水。在使用时，将墨线拉出，就能在涂饰界面上留下痕迹，形成参考标识痕迹。图3-21（b）中展示了墨斗的使用方法，先将墨线浸染，固定一端后拉直并拉紧到指定位置，随后弹动中段即可完成标记。

（a）手卷式墨斗

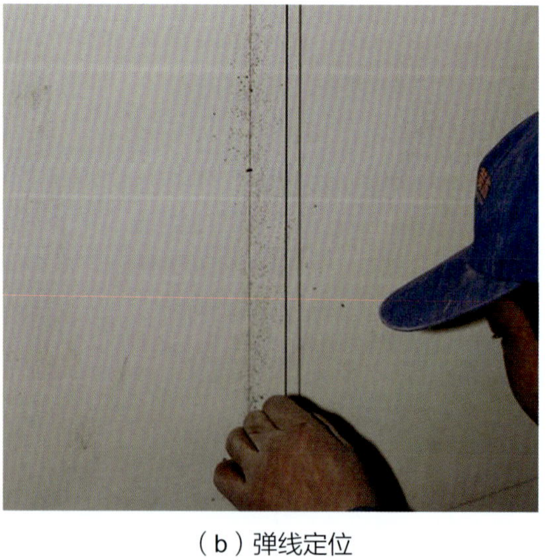

（b）弹线定位

图3-21　手卷式墨斗与弹线定位

（4）丁字尺 丁字尺也称T形尺，通常由铝合金、木材或有机玻璃等材料制造。该工具有600mm、900mm、1200mm等不同长度规格。丁字尺主要用于绘制水平线，以及与三角板配合使用绘制图形，可直接绘制平行线，或作为三角板的支撑体，以绘制不同角度的直线，见图3-22。

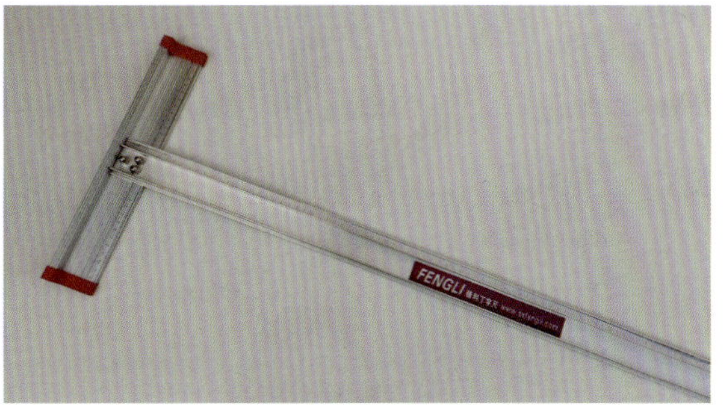

图3-22 丁字尺

（二）裁切工具

常用裁切工具为裁纸刀和剪刀两种类型。裁纸刀的特点在于其刀片可伸缩，它是由高质量钢材制成的，且设计为分段式。当刀片变钝后，可舍弃一段，确保使用的便捷性与安全性。

图3-23（a）中的裁纸刀有大小型号，通常用于纸张、卡纸等材料的裁切。图3-23（b）中的裁纸刀在裁切时要注意平直度，避免裁切痕迹变形。图3-23（c）中的剪刀是一种双刃工具，适用于切割布料、纸张、绳索等材料，其两刃相互交错，具备开合功能。

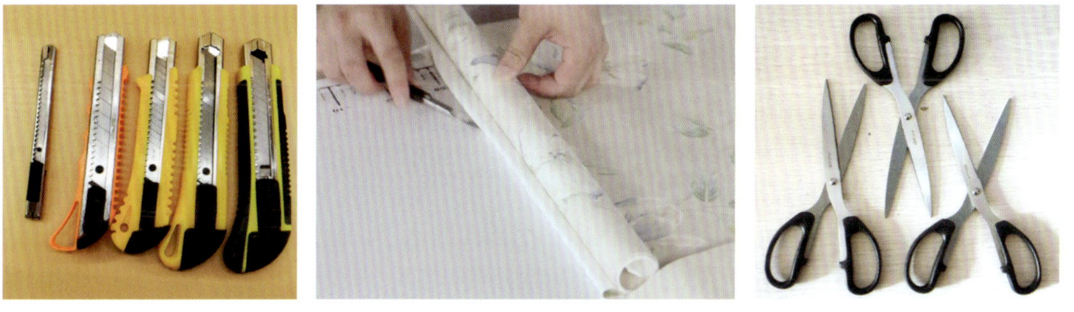

（a）裁纸刀　（b）裁纸刀裁切　（c）剪刀

图3-23 剪切工具与裁切

（三）裱糊工具

（1）壁纸辊筒 图3-24展示的壁纸辊筒为短毛辊筒，壁纸背面涂刷壁纸胶时应当均匀，且全面覆盖。采用短毛辊筒对壁纸背面均匀涂抹胶黏剂，胶黏剂浓度不宜偏低，也不宜过高。在涂抹作业中，应保持单一方向轻柔滚动，确保力度一致。

（2）刮板 采用硬质塑料制作，形状为梯形，主要应用于壁纸定位后的固定与气泡排除。然而，该工具并不适用于发泡型或脆弱薄型壁纸的施工。刮板使用力度要控制好，力度过大会导致壁纸被刮破，力度过小无法挤压出气泡，见图3-25。

（3）海绵 利用海绵对壁纸接缝进行压实。同时，检查壁纸表面状况，及时擦拭掉溢出的胶黏剂，吸附壁纸边缘溢出的余胶，以保障壁纸粘贴的质量，见图3-26。

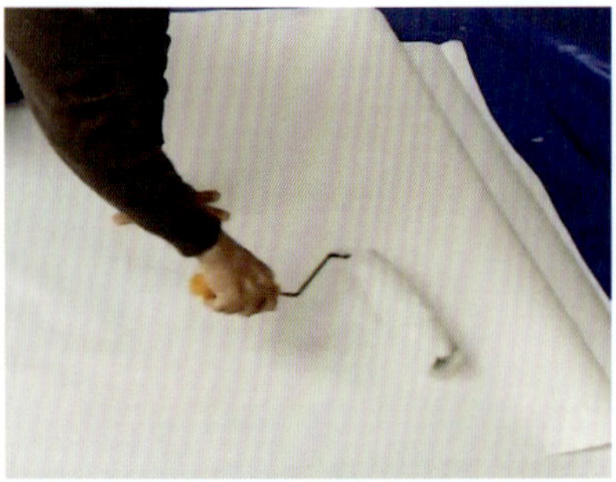

图3-24　壁纸辊筒

图3-25　刮板

图3-26　海绵

3.2　电动工具设备

墙面涂饰所使用的机械设备，常为电动工具，这类工具往往通过电动机或气动机来驱动。

3.2.1　水平仪

水平仪是用于测量微小倾斜角度的精密仪器，是机械与仪表制造领域的重要仪器。它能精确地测定机械装置相对于水平线的倾斜角度、机床导轨的平面度与直线度，以及确保设备安装时的水平与垂直定位（图3-27）。

图3-27（a）中的激光水平仪能快速定位墙顶面的水平、垂直标识线，使用起来十分快捷方便。图3-27（b）中使用激光水平仪时，应用卷尺辅助来校正标高线，这样可以保证水平线精确地位于预定的数值位置。

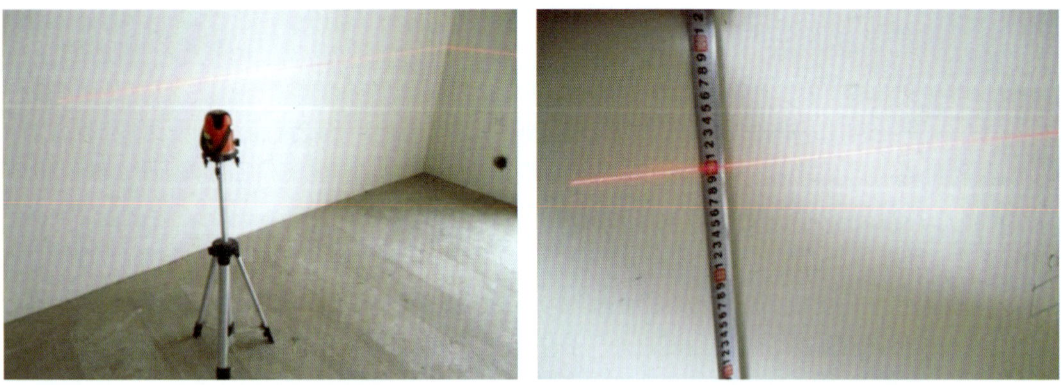

（a）激光水平仪　　（b）水平仪高度定位

图3-27　激光水平仪与水平仪高度定位

3.2.2 搅拌机

搅拌机是建筑工程设备，负责将水泥、砂石等建筑材料与各类干混砂浆进行混合，形成所需稠度的混合物或涂料。

图3-28（a）中采用的中型搅拌机，适用于施工面积较大的公共空间涂饰工程，采用大功率电动机或燃油机驱动。图3-28（b）中采用的轻型电动搅拌器，适用于住宅装修施工中的涂饰工程，它主要用于搅拌容器桶中的腻子、胶黏剂、防水涂料、轻质砂浆等。

（a）中型搅拌机

（b）轻型电动搅拌器

图3-28 中型搅拌机与轻型电动搅拌器

3.2.3 弹涂机

弹涂机是一种用于建筑物表面装饰的机具，它利用弹涂机构将涂料均匀地喷射并黏附在墙面上。在弹涂机的工作过程中，应确保喷口与墙面之间的距离以及喷射速度的一致性。

图3-29（a）中的弹涂枪呈漏斗状，涂料放置其中，通过重力涂料进入下部喷嘴中，被高压气体带出，最终弹涂至界面上。图3-29（b）展示了弹涂施工场景，施工人员双手持稳弹涂机，保持弹涂的均衡程度与界面的平整效果。

（a）弹涂枪

（b）弹涂工艺

图3-29 弹涂枪与弹涂工艺

3.2.4 喷涂机

喷涂机是一种专门用于涂装工作的设备，它通过对气流的有效控制，激发换向装置的配气动作，确保气动活塞能够持续而稳定地往复移动。由于活塞与涂料泵的柱塞之间存在着固定的连接方式，且活塞的表面积超过柱塞，使吸入的涂料获得压力提升。随后，这种高压涂料通过特设的高压软管传输至喷枪，并在喷嘴处迅速雾化，然后均匀地喷射到待涂物体表面，形成所需的涂膜。

图3-30（a）中的喷涂机能将高压气体输入管道中，带出涂料，适用于大面积喷涂施工。图3-30（b）中的小型喷涂枪配备储料罐，一次能满足3～5m^{2}面积的喷涂。

（a）喷涂机

（b）喷涂枪

图3-30 喷涂机与喷涂枪

3.2.5 打磨机

打磨机在操作便利性上优于传统打磨手段，可直接作用于墙面，进行高效打磨作业，尤其适合处理面积较大的墙面，且打磨效率显著。墙面打磨机可分为有尘与无尘两种类型。在采购过程中，应考虑实际使用需求，选择更合适的打磨设备。

（1）有尘打磨机 墙面打磨机能直接对墙体表面进行高效打磨，省略了打磨后残留腻子灰的步骤。这一过程不仅提升了作业效率，而且设备成本相对较低。但打磨作业结束后所产生的大量灰尘仍需用户自行清理。

图3-31（a）中的有尘打磨机通过电动机旋转引起高频振动，带动砂纸作为打磨介质，取代了传统的手工打磨方式。图3-31（b）展示了打磨场景，打磨机虽然打磨平整度高，但是打磨过程中产生的粉尘会干扰持续打磨工作，造成打磨界面局部不平整。

（a）有尘打磨机　　　　（b）施工

图3-31　有尘打磨机与施工

（2）无尘打磨机　在利用墙面打磨机进行墙面处理的同时，无尘打磨机能够同步收集打磨过程中产生的腻子灰。这种机器不仅有效解决了传统打磨速度缓慢的问题，还能控制粉尘污染。因此，当打磨作业完成后，用户不必再为清理灰尘而烦恼，从而实现了更高的作业效率。

图3-32（a）中的无尘打磨机通过增加功率和配备吸尘导管，能将粉尘集中排出并归集。图3-32（b）中展示了施工场景，无尘打磨机带有加长杆与集尘器，适用于墙面大面积腻子打磨作业。

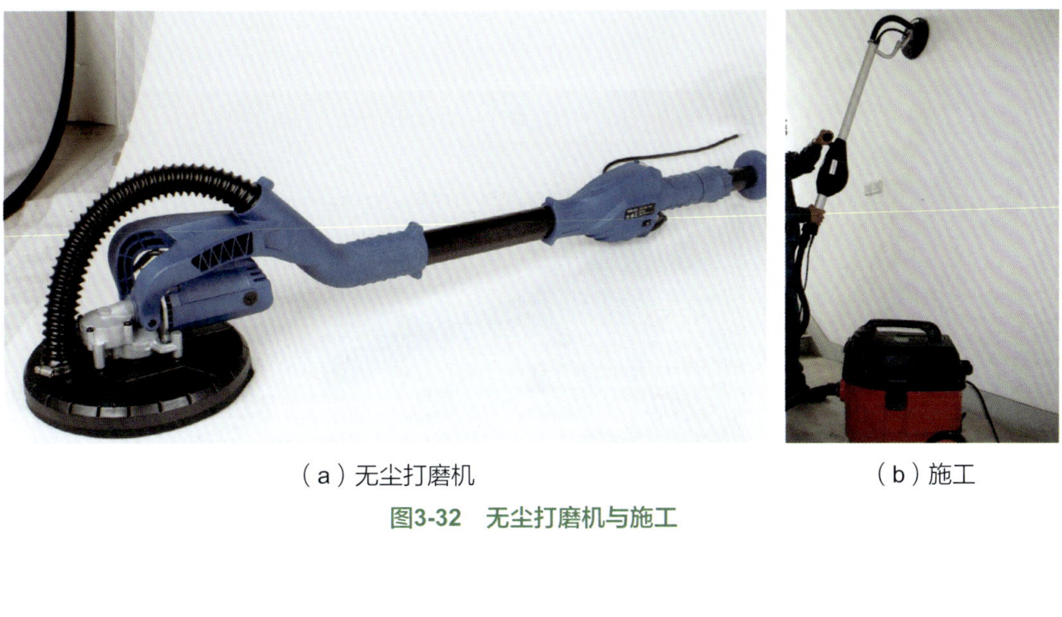

（a）无尘打磨机　　　　（b）施工

图3-32　无尘打磨机与施工

第4章

传统工艺涂饰涂装方法

操作难度： ★★★★★

核心概念： 传统涂饰、木质家具、美工、仿石纹、木纹涂饰

章节导读： 在家具制作的传统施工技艺中，大漆与桐油作为主要的涂料被广泛采用。这两种物质不仅能够对木质家具施加保护，还具备一定的装饰效果。大漆，又被称为天然漆，包括生漆和精炼漆两种类型，其独特的涂抹技艺是我国独有的一种高级涂饰方式。图4-1中，平整的毛刷能将涂料均匀地覆盖至木质材料表面，涂料能渗入木质纤维之间的空隙，进入木质材料的深层，对木质材料起到保护作用。

图4-1 传统涂饰涂装

4.1 传统木质家具涂装

4.1.1 木质家具准备

木材是制作木质家具的基本材料。为了更有效地利用室内空间，常常需要根据实际测量结果在施工现场对家具进行定制。伴随着社会的进步和现代技术的发展，木家具的制作方式也发生了变化，目前主要是以机械化操作为主导，而手工制作则作为辅助。在注重传统的透明涂饰和实色涂饰的同时，现代消费者也开始关注那些能够彰显个性特色的特殊涂饰效果。

图4-2（a）中的实木床所采用的木料色彩为米黄色，选用深色木器涂料进行涂装，形成一定的复古视觉效果。图4-2（b）中的实木餐桌椅磨损较大，会选用色彩更深的木器涂料进行涂装，便于日常维护与清洁。

（a）实木床

（b）实木餐桌椅

图4-2 实木床与实木餐桌椅

4.1.2 基础处理

（1）含水率 木质基层的含水率不超过12%，应依据使用环境的平均含水率来设定标准，但根据使用环境，有时也会设定一个稍高的标准，但通常上限为15%。木材含水率不符合标准时，易导致一系列问题，如漆面发白、出现针孔、气泡、颜色变异，甚至产生漆膜开裂或剥落等缺陷。因此，必须对木质基层的含水量进行严格把控，并在必要时使用湿度计测定其含水率，确保其在涂饰前的含水量处于规定范围内。

（2）清理 为了除去木质表面的砂浆、灰尘、木屑及污渍，可以使用铲刀清除、毛刷扫除以及净布擦拭等方法。对于表面凸起的钉帽，应将其压入基层内，并进行防锈处理。而木毛的处理，首先采用潮湿的干净抹布擦拭木材表面，促使木毛吸收水分膨胀并竖立起来，待其干燥后，再沿着木纹方向使用砂纸或细砂纸进行磨光，从而达到光滑的表面效果。

（3）封闭 鉴于木质基底的多孔特性，裸露或嵌入砖石结构中的木材截面，需采取预防措施以避免水分渗透。可涂覆一遍密封剂来形成保护层。对于含有木节或树脂的部位，可利用酒精（乙醇）、丙酮或松节油等有机溶剂进行清洁处理，或者使用加热的电烙铁去除多余物质，随后应用虫胶漆进行封闭，以避免树脂渗出，通常封闭操作两遍以确保效果。

图4-3中的木料表面基层处理可以先于家具组装工序进行，对木质家具构件进行打磨，以获得平整、光滑的表面。图4-4中的松节油能够快速渗入木质纤维中，形成密封效果，防止木料在后续施工中受到污染。

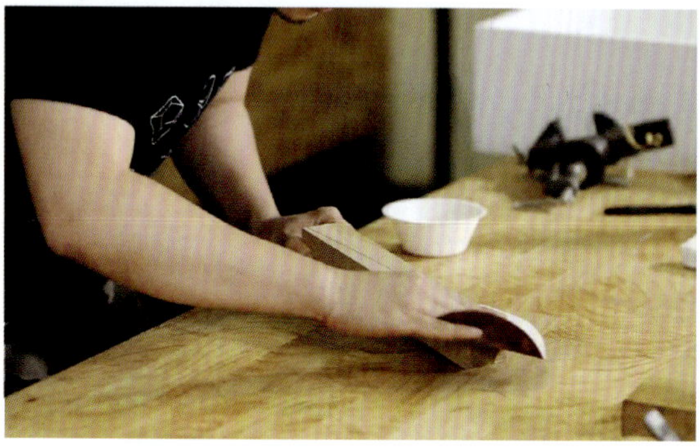

图4-3 基层清理

图4-4 涂刷松节油

（4）修补 木基层的缝隙、裂痕及凹陷处应进行填充和找平。修补前应彻底清理缝隙内的杂质。对于较小的缝隙，为了增强黏结效果，可以先使用铲刀将缝隙扩大，然后再填充适当的材料，以确保充实度。可供选择的填充材料包括腻子、乳胶和有机硅树脂等。

（5）涂刷底漆 木质基层常用的底漆类型包括清漆和多种色彩的厚漆。涂刷底漆时，应均匀涂刷。木材截面应涂刷两遍底漆，涂层的厚度应根据木材对底漆的吸收速度来确定，对于吸收速度较快的部位，涂层可适当加厚，反之则可相应减薄。

图4-5中会根据不同颜色的木料选用同色腻子，部分罕见木料颜色还需人工调配色彩，力求腻子与木料颜色保持一致。图4-6中的底漆不仅能渗入木质纤维中，还能在木料表面形成较为平整的保护膜，从而为面漆涂装提供良好的界面基础。

图4-5 腻子修补

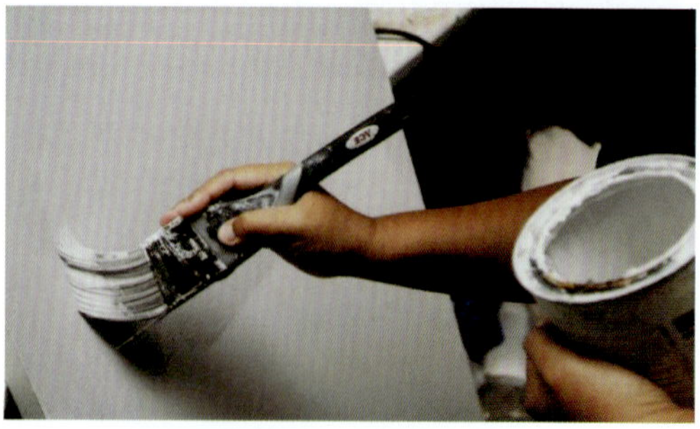

图4-6 涂刷底漆

4.1.3 涂料调色与配方

（一）调配的基本要求

调配也称配料，是涂饰涂装应掌握的基本技法之一，调配技法的基本要求如下。

（1）掌握不同涂料的特性，选配稀释剂、填料以及其他辅助材料。

（2）要精确辨别主色调与辅色调，以及混合时的颜色添加顺序。

（3）配料应当遵循宁少勿多、由浅入深、逐渐增量的原则。

（4）依据涂料层之间的相互关系，适时调整涂料的浓稠度，以确保涂层的均匀性。

（5）对各种涂料间的颜色差异要有深刻理解。例如，在面漆涂饰前，底漆的颜色应相对较浅，这样便于在涂刷过程中辨识前一道涂层的覆盖情况，避免出现漏刷或涂抹不均等问题。

（6）通过不断地进行实践操作，逐步提升技能水平，直至熟练掌握调配技巧。

传统工艺涂饰小贴士

调配黏稠度

（1）稀释要求 成品涂料在施工前通常需要调整其黏稠度，这一过程涉及稀释剂的选择与添加。稀释剂的选择需依据涂料的化学组成，而其添加量则应在预定的基准稠度上进行微调。该基准稠度是经过反复实验确定的，适用于大多数常规施工方法。

（2）稀释方法 稀释剂的使用并非一成不变，不同涂料因其性能差异而采用不同的稀释剂。即便在涂料稠度相同的情况下，稀释剂的用量也可能因施工条件而异。在实际施工过程中，涂料的黏稠度需要根据现场情况不断调整。熟练的施工人员能够通过简单的搅拌动作和敏锐的感官判断，准确控制涂料的稠度。

（二）调配色漆

（1）调配色漆时，主色应以着色力较低、使用量较大的颜色作为基调。而着色力高、用量较少的颜色则为辅助色，即次色和副色。在混合操作中，应缓慢而逐渐地将次色和副色加入主色之中，同时持续搅拌并观察色彩变化，直至达到预期的色调。

（2）应避免将不同类型或不同厂家的产品进行混合，仅限在同一品种及型号的产品间进行调配，以防发生不良反应。原因在于催干剂、固化剂或稀释剂之间的相互作用，这些不良反应可能会对最终色泽产生不利影响。

（3）通过添加不同比例的白色，可对原色或复色进行稀释，从而获取不同纯度的色彩。通过加入不同比例的黑色，能够调整色彩的明度，从而达到预期的视觉效果。

（4）在配色实践中，应考虑到涂料在湿润状态与干燥后的颜色差异。通常情况下，涂料在湿润时颜色较浅，干燥后颜色会加深。因此，在配色过程中，湿涂料的色调应略浅于样板上的颜色。最终的配色效果需待新样板完全干燥后，才能进行准确的对比和评估。

（5）调色所使用的容器及搅拌工具必须保持清洁且不带有颜色。备用原料在使用前应充分搅拌均匀，同时维持其原有桶内的黏稠状态。

（6）含有浮色特性的色漆与木器清漆的配色，其色泽深浅与施工工艺密切相关。浮色的轻重与色漆的黏度有直接联系，黏度较高的漆料其浮色现象较轻，反之则较重。此外，清漆的底色若为白色，则应使用较重的色调；若底色较深，则应使用较淡的色调。

（7）在进行复色涂料的调配过程中，应选择具有相似性质的涂料进行混合，所使用的溶剂系统也应确保互溶。若涂料间混溶性不佳，可能导致分层、析出或胶化等不良现象。

（8）在涂料配色过程中，应尽量避免直接使用颜料进行调配。若颜料未得到充分分散，可能会导致调配出的漆膜颜色不均匀。

（9）在制备浅色调的涂料或油性漆时，必须先将钴、锰等深色催干剂加入漆料中，而非在涂料调配完成后再添加，以防止颜色过深。

（三）着色剂的调配

用于木材面上着色剂的调配主要是水色涂料、油色涂料和酒色涂料的调配，以下介绍水色、油色涂料的调配。

（1）配水色涂料　水色涂料广泛应用于木器涂装领域。水色涂料的制备分为两种。一种是采用石性原料，制备方法主要是以氧化铁颜料（如氧化铁黄、氧化铁红等）为原料。将颜料用开水泡开，使之全部溶解，然后加入适量的墨汁，搅拌成所需颜色，再加入皮胶黏剂或血料水，经过滤即可使用。配合比大致是：水占60%～70%，皮胶黏剂或血料水占10%～20%，氧化铁颜料占10%～20%。使用时应经常搅拌，以防止颜料沉淀，确保涂色一致。另一种是采用染料作为原料。采用染料作为原料的水色涂料制备方法则是将染料（如酸性染料、碱性染料）溶解于水中。水温越高，染料越能溶解，因此通常用开水浸泡染料。配合比可以根据需要进行调整，一般使用酸性染料和碱性染料。使用时应避免酸、碱两种性质的颜料同时使用，以防颜料产生中和反应，进而降低颜色的稳定性。

（2）配油色涂料　油色涂料是一种常用的选择。尽管它的颜色相比水色涂料不够鲜明亮丽，且干燥速度较慢，但其施工过程较为简便，特别适合于木制家具的大面积涂装作业。油色涂料的调配比例一般为：溶剂汽油占50%～60%；清油占8%；光油占10%；而红、黄、黑调和漆则占15%～20%。

（四）调配腻子

在涂装工艺中，物体表面通常会有自然瑕疵和缺陷。为了确保涂层质量，施工前应使用腻子进行嵌补处理，使物体表面达到预期的平整度。涂料的类型及施工技术繁多，相应地，腻子的种类也呈现出多样性。选材时，应基于底漆和面漆的特性，合理选择适宜的腻子。尽管如此，在涂装作业的实际操作中，经常会遇到需要根据特定施工需求自行调配腻子的情况，这些腻子应具备优良的可塑性。

下面介绍几种涂料施工中常见的腻子调配方法，见表4-1。

表4-1 常用腻子的调配方法

名称	材料及配料比	调配方法
石膏油腻子	由石膏粉、熟桐油、松香水与清水组成，质量配料比约为16∶6∶1∶6	先将熟桐油、松香水和催干剂彻底混合，以制备腻子油，再将此腻子油与石膏粉末按照既定比例混合，并逐步加入水，均匀搅拌，确保石膏粉能充分吸收水分
清漆腻子	由石膏粉、油性清漆、颜料、松香水与水调配而成，质量配料比约为75∶6∶4∶15∶1	先将油性清漆、松香水和催干剂均匀混合，形成腻子油，再将此腻子油与石膏粉以规定的比例混合，并添加适量的颜料，再逐渐加入水并搅拌至均匀，以保证水分被石膏粉充分吸收
血料腻子	由大白粉、血料、菜胶组成，其质量配料比约为58∶18∶1。其中，血料是指熟血料，菜胶是指自己熬制的鸡脚菜胶	先用稻草将生猪血块搅拌，辅以手工搓碎，随后加入适量水进行过滤，并添加微量的鱼油以分解血块中的泡沫。需注意，石灰水应预先加热，并置于特定容器中。 在进行血料处理时，使用木制搅拌棒沿同一方向缓慢搅拌，同时逐渐混入热石灰水，直至血料呈现出轻微的黏稠状态。经过2h静置后，再用搅拌棒对血料进行搅拌。如血料未达到预期的标准，可适量增加石灰水，并沿原有方向继续搅拌，以形成成熟的血料。 最后，将加工成熟的血料与预先熬制的菜胶混合，再置入大白粉中进行搅拌
水粉腻子	由大白粉、水、动物胶、颜料配制而成，其质量配料比约为16∶18∶1∶1	先将含有动物胶的水与大白粉搅拌至糊状，再取出适量糊状大白粉，与颜料混合，使之均匀分散；再将此混合物重新与剩余的大白粉彻底搅拌均匀，注意避免大白粉或颜料出现结块的情况
油胶腻子	由大白粉、动物胶、熟桐油、颜料调配而成，其质量配料比约为10∶6∶1∶0.5	先将经过动物胶处理的熟桐油与大白粉混合，搅拌形成糊状物。再取出少量大白粉糊与颜料混合，确保颜料均匀分散。最后将其重新与剩余的大白粉糊彻底搅拌均匀，同样要注意避免大白粉或颜料出现结块现象
天然漆腻子	由天然漆、石膏粉所组成，其质量配料比约为7∶3，调配时应根据环境湿度加适量的水	先将天然漆与石膏粉按照比例搅拌均匀，再加入适量的清水进行调配
漆片大白粉腻子	由虫胶清漆、大白粉及微量着色颜料组成，质量配料比约为3∶1，颜料适量	先在大白粉凹坑中倾倒适量的虫胶清漆，并利用铲刀进行上下翻转搅拌，直至形成浓稠的糊状物质，再添加适量颜料搅拌。酒精成分会随着时间的推移不断蒸发，导致腻子逐渐增稠，可适时添加酒精以调整其稠度

4.1.4 底涂方法

涂刷底漆之前，必须对木材进行彻底清洁，清除表面的灰尘杂质，并且使用砂纸对板面或木线条进行打磨，使其表面平滑。这一过程应特别留意保护木皮，应避免砂纸过度磨损，从而导致砂穿。这一步骤旨在有效清除板材上的污渍、木毛和木刺，确保板材表面清洁、平滑。

图4-7　涂刷封闭剂

（1）板材封闭　将特制的板材封闭剂均匀涂抹于板材表面，这样做能够有效封闭板材，防止其遭受污染；同时，还可以避免板材因过度吸湿或散湿而发生变形。

图4-8　刮涂腻子

（2）刮涂腻子　在腻子调配完成之后，应均匀且充分地将其涂抹在木材表面，确保其能够填充或覆盖木材表面的瑕疵，如木眼、钉孔等。待腻子干燥后，利用砂纸进行细致打磨，并将附着于木制工具上的多余腻子彻底清除。

图4-7中的封闭剂的应用还能增强漆膜与板材的黏附力，降低漆料的使用量，并提升漆膜的硬度。图4-8中将腻子涂抹至木构造表面，用钢片刮刀刮平，从而全面覆盖木质材料表面。

（3）底漆施工　选用一把清洁的刷具，顺着木材纹理，迅速且均匀地将底漆施加于木材表面，确保底漆能够完全覆盖每一处。底漆干透之后，应用砂纸磨平表面，移除打磨过程中产生的所有碎屑。再次涂刷底漆，务必确保涂层均匀，无滴流现象，且要使木眼填充平整。对于部分多孔木材，可能需多次涂刷底漆，以达最佳效果。

图4-9（a）中的涂刷家具表面底漆可调色，使其与面漆色彩保持一致，涂刷要均匀，力求完全覆盖。图4-9（b）中，在涂刷家具侧面、底部或内部表面底漆时，可使用透明清漆。因为这些部位主要是观赏面，而非主要接触面，这样做可降低涂装成本。

（a）涂刷底漆

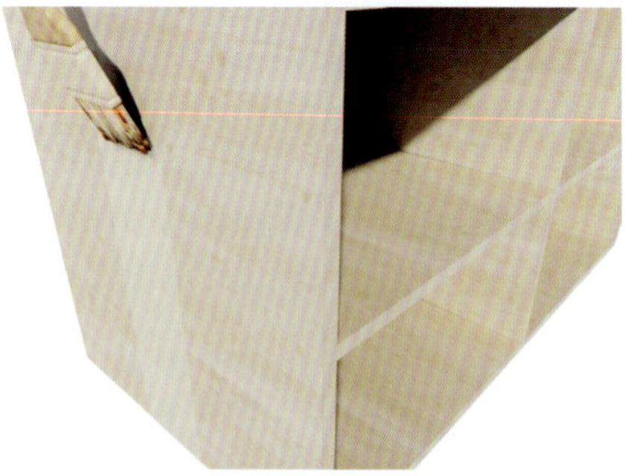

（b）涂刷家具底漆

图4-9　底漆施工

4.1.5 面涂方法

在进行面涂之前，应对木制家具表面进行检查，并彻底清除附着其上的尘埃粒子。在上一遍漆膜彻底干燥之后，方可进行下一遍涂装施工。

涂饰面漆的质量直接决定了漆膜的展示效果，因此在施工过程中必须确保涂层均匀，避免出现流挂、光泽不一致、刷痕明显或手感粗糙等缺陷。完成施工步骤后，还应注意保持工作环境的清洁，以维护涂层的美观与质感。

涂刷家具表面时，应避免一次性施涂过厚，宜采用分多次涂覆的策略，确保每次涂装都能满足表面的平滑度，见图4-10（a）。图4-10（b）中家具侧面的涂刷也应当保持均衡，其涂刷遍数可比家具表面少1遍或2遍。

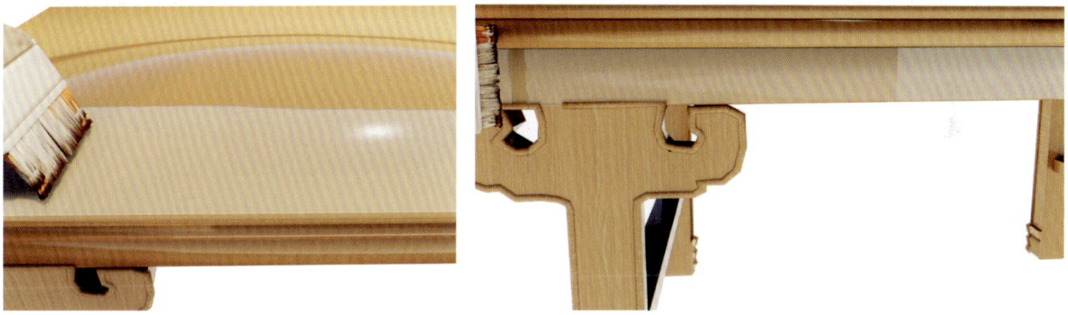

（a）涂刷家具表面　　（b）涂刷家具侧面

图4-10　面漆施工（涂刷家具表面与涂刷家具侧面）

传统工艺涂饰小贴士

家具底漆与面漆的作用如下。

底漆的作用：填补木材纹理中的微小毛细孔，方便后续油漆涂抹，使面漆能够与木材表面紧密结合。底漆含有大量粉末成分，这不仅增加了油漆的厚度，还有助于降低成本并节约能源。

面漆的作用：抗表面划伤，能提高光泽度、耐老化性能和耐黄变性能。面漆的作用直接决定了漆膜整体的质量表现。

4.1.6 木质家具修理修补

实木家具的磨损率非常高，需要长期保养。下面介绍一种家具凹坑的修补方法。

（一）施工方法

（1）用铲刀仔细地剔除家具损伤边缘的毛刺、损伤痕迹以及杂质。

图4-11（a）中应仔细查看家具的破损部位，破损面积小于8cm^{2}且无裂痕时，可进行自主修补。图4-11（b）中采用的砂纸将破损部位的边角打磨平整，并清除破损部位的污垢。

（a）查看破损

（b）砂纸打磨

图4-11 清理缺角部位

（2）制作细锯末，并将其与胶黏剂或白乳胶混合，均匀涂抹于损伤处，要确保表面平滑。待其彻底干燥后，使用刀片修整凸出部分（图4-12）。

图4-12（a）中采用细齿钢锯在浅色木料上锯切，获得细腻的锯末。图4-12（b）中将锯末搭配胶黏剂涂抹在家具破损的部位，使其粘接牢固。

（a）制作细锯末

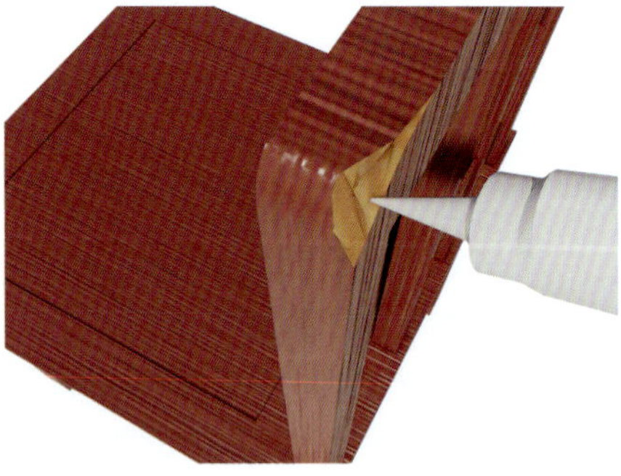

（b）胶黏剂粘接

图4-12 填补破损部位

（3）采用360#砂纸对修补区域进行精细打磨，并清除所有灰尘。然后，将美术颜料与腻子粉调和，使其颜色与家具原有色彩相匹配，均匀涂抹于修补处，干燥后再进行一次打磨处理。

（4）最后，涂抹清漆以保护表面，并根据需要对修饰进行调整。

（二）施工要点

（1）细齿钢锯对木料进行切割时，会产生众多细微锯末。对于所选木料，可使用表面洁净、色泽浅淡的树种，避免使用任何已经发生腐蚀的木料。

（2）在进行锯末清理时，应当避免过度追求表面的平滑度。可保留一定程度的凸起锯末，后续的表面平滑与光洁度，可以通过使用砂纸进行打磨来达成。

图4-13（a）中待胶黏剂完全干燥后，采用小刀将凸出的木屑刮平。图4-13（b）中采用砂纸将修补部位抹平，必要时应当反复增加锯末与胶黏剂进行修补。

（a）削切平整

（b）砂纸打磨

图4-13 修整多余木屑

（3）应采用由浅入深的策略逐步增加色彩浓度。在此过程中，应细致观察和对比颜色差异，力求新调配的色彩与既有家具的色泽保持一致。

（4）可先在家具的隐蔽部位试涂颜料。待其干燥后，观察是否存在色差，并根据需要进行进一步的调色修整（图4-14）。

如图4-14（a）所示，采用水粉或丙烯颜料调配近似颜色，涂抹至修补部位。待颜料完全干燥后再次打磨，可以根据需要涂刷清漆，修补工作基本完成，见图4-14（b）。

（a）调配试涂色彩

（b）修补完毕

图4-14 涂刷颜料

4.1.7 涂饰修补与养护

涂饰、修补以及养护措施通常扩展至整个家具结构，以实现一致且高质量的外观效果。关键的维修技巧在于色彩的调和，其中的水溶性颜料与各类水性涂料相容，这些涂料仅需加水即可混合；而对于油性涂料，则应使用矿物性色浆进行调色。调色过程应由浅入深，逐层对比，达到90%的相似度即可。另外，高档家具可进行定期的打蜡养护。

图4-15（a）中的色浆多为红色、黄色、深蓝色，可采用毛笔进行调色。如图4-14（b）所示为打蜡养护工具，打蜡时多采用海绵将蜡反复揉擦至漆面，形成填充膜。

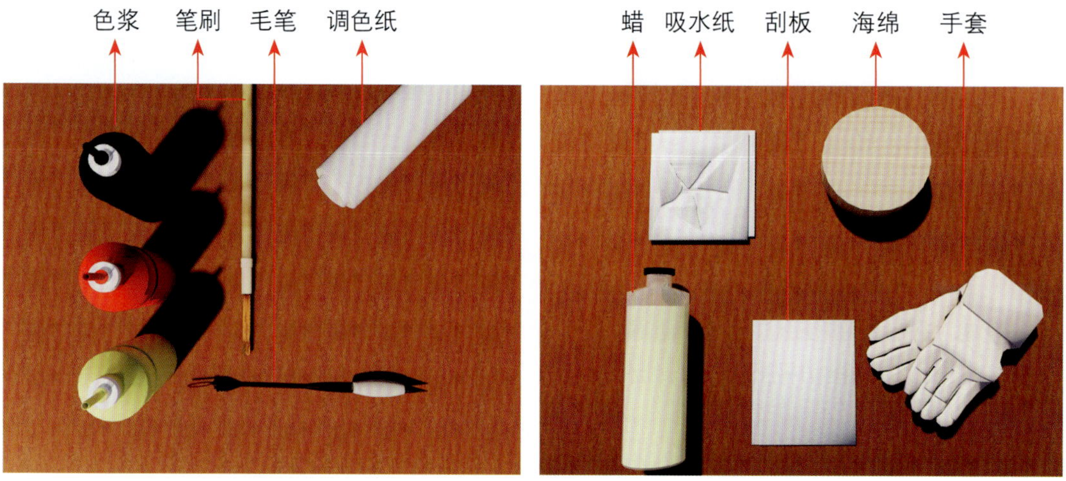

（a）色浆与调色工具　　（b）打蜡养护工具

图4-15　家具涂饰修补与养护

4.2 传统建筑的涂饰涂装

4.2.1 涂饰彩画材料

传统建筑涂饰的常用材料主要包括油漆、颜料、金箔、辅助材料。

（一）油漆

在油漆材料的选择上，常见的有大漆、桐油、亚麻仁油和苏籽油等。

（1）大漆是一种源自天然的树脂涂料。该涂料通过割取漆树树皮，使白色黏性乳液从韧皮部流出，并加工处理而成。

图4-16（a）中的大漆是传统古建筑中的主要涂饰材料之一，此涂料形成的漆膜具备卓越的黏结性能，质地坚硬且光泽鲜亮，同时还展现出优异的耐磨、耐油、耐水、抗腐蚀及耐热特性。在使用大漆时，通常会与矿物质颜料调和成色漆，一般需要多道涂刷，每一道涂刷都要待其晾干、打磨后，层层叠加，见图4-16（b）。

（a）大漆涂料

（b）涂刷大漆

图4-16　大漆涂料

（2）油漆与油墨制造的主要原料为桐油、亚麻仁油及苏籽油等天然干性植物油。其中，桐油可单独应用于基层面的装饰，未经熬制的原生桐油不仅是熬制灰油和光油的基础原料，还广泛用作底油涂刷的处理材料。亚麻仁油形成的涂膜具有较好的柔韧性和耐久性，虽然其耐水性与耐光性不如桐油，但仍有其独特的应用价值。苏籽油则主要作为熬制光油的油基材料。

（二）颜料

古建筑油漆与彩画所使用的颜料种类多样。这些颜料经过独特的加工与制备工艺，具备了卓越的耐久性和耐候性，这些特性是其他类型颜料难以企及的。按照色彩分类，主要包括白色、红色、黄色、青色、绿色以及黑色等系列。

如图4-17所示，涂刷桐油时要反复多次，让油料渗透至木质纤维中。图4-18中的颜料色粉混合后要加桐油调配，每次配色量不宜过多，避免因配色不准导致后续加料越来越多。

图4-17　涂刷桐油

图4-18　颜料色粉

（三）金箔

古建筑中金箔的运用，其工艺与壁纸的裱糊有相似之处。在传统工艺中，这一技术被称为贴金或扫金，并广泛应用于佛像、雕梁画栋、牌匾和楹联以及各类装饰中。

图4-19（a）展示了工匠们用竹钳子夹起金箔，贴在胶黏剂刷过的底子上的过程，通过精心操作，确保金箔粘贴平整且无缝隙。这一金箔贴金工艺，使得彩画更加辉煌且立体，见图4-19（b）。

（a）贴金饰面

（b）装饰贴金效果

图4-19　金箔的运用

（四）辅助材料

在熬制桐油的过程中，土籽粒（桐籽）和黄丹粉（菜籽、黄豆等制成的面团）作为催干剂，能够加速油料的干燥和固化，提高油漆的质量和耐用性。土籽粒和黄丹粉的加入，使得桐油漆不仅干燥速度快，而且具有良好的附着力和防腐性能，广泛应用于家具、建筑等领域的涂料中。此外，麻纤维及其织物还在提高木材防裂性能方面发挥着重要作用。

传统工艺涂饰小贴士

古建筑油漆配制方法如下。

（1）**灰油配制**　通过精确的比例调控，将土籽粒和黄丹粉按照季节性比例与生桐油混合熬制。具体而言，生铜油：土籽粒：黄丹粉，春秋两季的比例为100：7：4，夏季为100：6：5，而冬季则为100：8：3。

（2）**油满配制**　油满的制备涉及面粉、石灰水与灰油的特定配料比和混合过程。面粉：石灰水：灰油为1：1.3：3或1：1.3：1.95的比例，先将面粉与石灰水混合搅拌成糊状，随后添加灰油以完成调和。

（3）**光油配制**　首先，将未经加工的桐油倒入加热的锅中，随后逐步升温，以小火力加热。当锅中泡沫减少时，表明水分基本被蒸发，继续以微火加热。此时，应将经过干燥处理的土籽加入锅中，同时使用搅油棒细致搅拌。随着油温逐渐升高，油沫的密度降低且颜色逐渐加深，此时应及时从锅底取出土籽。为验证油的熬制程度，可采取取样方法，将搅油棒蘸取油滴置于铲刀上，随后将铲刀浸入清水中冷却。冷却完成后，提取铲刀，用手指蘸取油滴，若能拉起超过30mm的油丝而不中断，则说明桐油已熬制完成。

4.2.2 木基层处理

木质结构是古建筑的主要建筑元素，包括梁、枋、檩、椽、斗拱、柱、门窗等。为了增强这些本质结构的耐久性，防止腐朽和霉菌的生长，延长建筑的使用寿命，在涂刷生桐油或大漆进行表面处理前，必须对基材表面进行特定的预处理，这一过程在传统工艺中被称为“地仗”处理。

（一）处理裂缝

在进行裂缝处理以实现腻子的有效填充时，裂缝和死结疤的清洁工作是不可或缺的。因此，应根据裂缝的具体尺寸，选用不同长度和粗细的竹钉或厚薄不一的竹片来确保牢固。在腻子填充后，使用竹片将钉子间的空隙嵌实并刮平，以避免木材的胀缩导致腻子剥落。

图4-20　刮开表皮

图4-21　刮开裂缝

图4-20中采用刀斧刮开木质结构表皮，以垂直于木纹的方向砍出深1～1.5mm、间距为7～8mm的斧痕，以此增强黏结强度。图4-21中用刮刀将裂纹内外刮除干净。若遇到较大的裂缝，则应用木条进行嵌填并固定，如图4-22所示，以应对木材因干湿变化而产生的胀缩问题。嵌入竹钉或竹片以保持裂纹缝隙宽度一致，如图4-23所示。

图4-22　嵌入木条

图4-23　嵌入竹钉或竹片

（二）刷浆

完成木基层的清理工作后，缝隙和表面仍有可能存在尘污。为了彻底清除这些污渍并提升油灰的黏附性能，需要准备一种特制的混合物并进行涂刷操作。

图4-24中的混合物为油、血料、水按照1：1：20的比例配制而成，应逐步加水搅拌至均匀。

图4-24　调和

（三）裂缝嵌腻子

刷浆后采用腻子（即油灰）进行填补，使缝隙内部充实。随后，对整个表面进行平整处理，以实现油灰的均匀分布。在油灰完全干燥之后，利用石片、瓦片或粗砂布进行打磨，去除飞刺及浮粒，并对浮尘进行清扫，最后用湿布拭去表面浮土。检验油灰干燥程度的方法是使用钉子轻扎，若钉子无法扎入，则表示油灰已彻底干燥。

较小的缝隙用刷子将油灰刷入（图4-25）。较大的缝隙用铲刀将油灰刮入（图4-26）。

图4-25　涂刷油灰

图4-26　刮涂油灰

（四）一麻五灰

首要工序是涂覆两遍腻子，以平整木材表面的微小缺陷。干燥后采用石片或瓦片进行磨光处理，并在其上覆盖麻纤维布，以构建一麻五灰的基础层。为了完成这一系列步骤，通过“地仗”处理来完成。

一麻五灰的工序：刷开头浆（黏结浆）→黏结麻→轧麻→整理→刷两遍黏结浆→磨麻→压麻灰→批中灰→批细灰→刷生桐油。

图4-27为刷开头浆，要用板刷将油、血料混合浆涂刷至木料表面，反复揉搓，直至完全渗透。图4-28为黏结麻，包裹的麻料方向应与木材的纹理或拼接缝隙成垂直角度，以此增强其抗拉伸性能。图4-29为轧麻，压实麻料的过程需要两人协同施工，一人负责均匀涂抹浆料并压实麻料，另一人紧随其后进行干压牢固。干燥的麻料部分，需要补充浆料并压实，所有麻料边缘都应整齐收束，防止受潮后油灰粉化，见图4-30。

图4-27　刷开头浆

图4-28 黏结麻

图4-29 轧麻

图4-30 整理

图4-31中刷两遍黏结浆时，仍然用板刷将油、血料混合浆涂刷至木料表面，若发现未充分浸透的区域，应及时补充浆料，并边刷边压，确保多余浆料被挤出，使麻面保持湿润状态。如图4-32所示，批灰时，对于小面积区域可使用铁刮板；而对于大面积区域，则采用皮质或木质刮板，厚度控制约为4mm，并确保接头处不明显。干燥后，利用细砖对表面进行打磨，直至平整，并进行清扫清理。图4-33为刷生桐油，涂抹时应确保桐油充分渗透至材料内层，直至表面浮油不再继续渗透。待材料彻底干燥后，使用砂纸进行磨光处理，并利用湿布蘸水对表面进行全面擦拭。

图4-31 刷两遍黏结浆

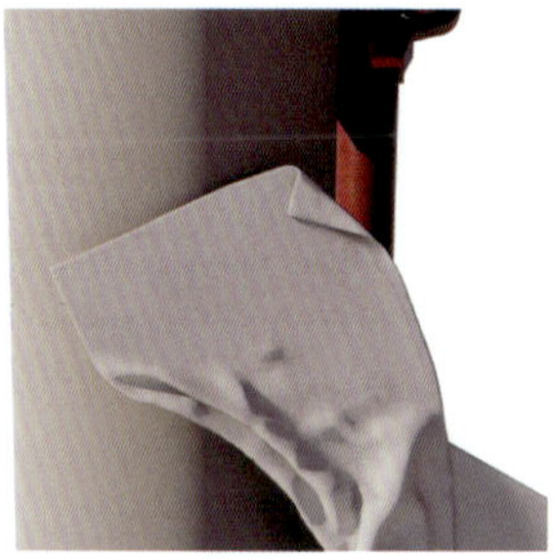

图4-32 批灰

图4-33 刷生桐油

一麻五灰“地仗”的用料及操作工艺见表4-2。

表4-2 一麻五灰“地仗”的用料及操作工艺

序号	工序名称	用料及操作工艺
1	刷黏结浆	将油、血料按照1：1.2的比例调成的浆刷在砖灰腻子层表面。涂刷厚度根据覆盖麻纤维布的厚薄决定，以经过压实后能够浸透麻为合适，不宜过厚
2	黏结麻	在浆料均匀涂抹后，立即粘贴麻料；其厚度应保持一致，并具备适当的拉力
3	轧麻	采用木压子对麻料进行压实，先从木材的阴角边缘开始，逐步向主要表面扩展

续表

序号	工序名称	用料及操作工艺
4	整理	对整体进行检查和修整，麻料未能完全覆盖的区域，应补贴麻料并再次压实；多余麻料的区域，应挤出多余浆料
5	刷两遍黏结浆	在麻料表面涂覆一遍血料浆，涂刷的量以不暴露麻面为宜；在涂刷过程中，应趁浆料湿润时进行检查，确保无遗漏之处
6	磨麻	麻被轧实干燥后，用瓦片、石片满磨，磨至麻绒浮起，然后扫干净浮麻，以便与其后的压麻灰黏结牢固
7	压麻灰	用橡胶刮板将油灰（由油、血料与粗砖灰混合而成的物质）均匀涂抹于麻料之上，先进行一次薄涂，紧密结合后，再进行全面的涂抹。使用木制刮板对涂抹过的表面进行平整处理，直至其表面达到平滑、圆润、笔直的理想状态，待油灰干燥后，进行打磨、清扫以及擦拭
8	批中灰	用薄钢刮板满刮较细的油灰，不可过厚，干后用缸、瓦片打磨，将板迹和接头磨平、扫清、擦净
9	批细灰	将细腻的灰油与少量的光油及适量的水混合，所得混合物被称为细灰。采用铁质刮板对边框、上下围脖、线口等关键部位进行精确对齐，随后均匀涂抹细灰，待其干燥后，再次均匀涂抹一遍细灰
10	刷生桐油	采取丝头或油刷蘸取生桐油，紧随打磨工序进行涂抹

传统工艺涂饰小贴士

一麻五灰的简化工序如下：

传统的“一麻五灰”工艺，在此被简化为“一布四灰”和“单批灰”两种形式。其中，“一布四灰”主要省略了中间的批灰步骤。而“单批灰”是指在不使用麻和布的基层部位，所采用的处理方式。这种处理方式包括四种、三种以及两种灰料的不同施工层次，特别适用于古建筑油漆的修复工作。某些基层表面采用单批灰施工同样能够实现保护和装饰的效果。

（1）**四道灰**　施工可用于上梁连檐、瓦口、椽头、挂檐等处。其工序为：处理基层→刷底油→腻子嵌缝→批粗灰→批中灰→批细灰→刷生桐油。

（2）**三道灰**　适用于不受风雨的梁枋、斗拱、椽望等处。比四道灰少一道批中灰的工序。

（3）**二道灰**　适用于水泥构件和水泥抹面的古建筑部位。其工序为：处理基础→刷底油→批中灰→批细灰→刷生桐油。

4.2.3 三道油

我国传统木结构构件表面涂饰以光油为核心，施工时将调配好的油料均匀涂抹于经过处理的细腻底层上。应确保油膜表面平整一致，待干燥后，呈现出光亮且耐久的特性，且能保持色泽恒久不变。

木基层处理完成后，便进入油皮饰面工序。三道油工序为：批细腻子→打磨清理→垫头道光油→二道油→三道油→罩清油。

（1）批细腻子 将按照比例调配好的细腻子（血料、水、土粉比例为3：1：6）均匀涂抹于构件表面，使用铁刮板进行往返刮压。操作过程中应及时清理，避免接头处出现不平整的情况。

如图4-34所示，应根据所需的色泽差异，适量添加如樟丹、银朱、广红等色素。这些颜料被巧妙地混合于光油之中。图4-35中展示了用钢片刮刀将腻子刮至木料表面的操作过程。

（2）垫头道光油 采用油刷或丝头蘸取原色光油，均匀涂布于物体表面，随后用板刷涂刷，以保证油膜的均匀性。对于需要使用银朱油的情况，先涂一遍樟丹光油作为底层；而其他颜色的油则可直接使用原色光油作为底层。待干燥后，使用砂纸进行细磨处理。

见图4-36，涂刷时保持均匀，获得平整的涂刷界面。图4-37中展示了用砂纸将干燥后形成的毛刺打磨平整并清除灰尘的过程。

（3）二道油、三道油 使用预先调配好颜色的光油，对基层表面进行全面涂刷。其操作方法与底层光油处理相似。

图4-34 调配腻子

图4-35 刮腻子

图4-36 涂刷

图4-37 打磨

见图4-38，刷二道油时，要保持涂刷均匀，多方向叠加涂刷。见图4-39，刷三道油除了继续保持涂刷均匀外，还应顺着木纹纹理进行涂刷。见图4-40，罩清油时要保持前后涂刷的交接部位应当有少量叠加，同时要避免清油在叠加处产生堆积。

（4）罩清油 采用无色光油（即清油）进行全面覆盖。在涂刷过程中，应避免风力较大或雾气浓重的天气条件。涂覆技巧与底层光油处理基本一致。

图4-38 刷二道油

图4-39 刷三道油

图4-40 罩清油

4.2.4 罩面漆

木制构件在安装完毕后，应迅速涂覆一遍罩面漆，以保护木材，并隔绝水分，从而维持木材的适宜含水率。

（一）本色罩漆

（1）处理基层 用刮刀仔细清除木材表面的尘埃与胶迹，在清理过程中应避免产生毛刺。然后，顺着木材纹理对基层进行打磨，直至表面平滑。

（2）润油粉 采用板刷蘸取油粉，在木材表面进行反复擦涂，确保油粉深入棕眼。此后，使用麻布或木丝清除多余油粉，对于线角部位的余粉则用竹片小心剔除。待油粉完全干燥后，以0#砂纸沿着木纹轻轻打磨，直至表面达到平滑程度。

见图4-41，在处理基层并清除木材表面杂质时，力度不宜过大，避免破坏材料。见图4-42，润油粉时力度要大，形成一定厚度的膜。

图4-41 处理基层

图4-42 润油粉

（3）满批油腻子 用刮刀将腻子填入钉孔、裂纹等缺陷中。干燥后，同样使用砂纸顺着木纹轻磨，直至平滑，并用湿布擦拭去除粉尘。

如图4-43所示，满批油腻子时应注意横抹竖起，这样可以确保腻子表面平滑，不会留下腻子颗粒或碎片。如图4-44所示，用100#砂纸将干燥后形成的毛刺打磨平整，并清除灰尘。

图4-43 满批油腻子

图4-44 打磨

（4）刷第一遍清漆 待漆膜干燥后，进行腻子的复补，并用0#砂纸全面打磨，以去除大部分漆面，然后用湿布擦拭干净。

（5）刷第二遍和第三遍清漆 对于使用频率较高的木质表面，可适当增加涂刷次数。

见图4-45，涂刷时应保持均匀且漆膜细腻。图4-46中待漆膜干燥后，进行打蜡、擦亮和养护，以延长木材的使用寿命。

图4-45 涂刷

图4-46 打蜡擦亮

（二）混色罩漆

（1）处理基层 对木质基层进行预处理时，应彻底清除表面杂质，包括灰尘、油污、胶迹和木刺，并对瑕疵部位进行修补和磨光（图4-47）。

（2）批腻子 使用按照比例16：5：1：6调配石膏、熟桐油、松香水和水制成的腻子，填充基层的裂缝、孔洞和不平整处。待干燥后，顺着木纹进行打磨，并清理残留粉尘（图4-48、图4-49）。

图4-47中用凿子小心清除木材表面污垢。图4-48中用铲刀满刮腻子，形成全封闭状态。图4-49中用0#砂纸将干燥的腻子表面打磨平整、光洁。

图4-47 处理基层

图4-48 批腻子

图4-49 打磨

（3）刷底油 选择干性油或清油对木质基层进行均匀涂覆，确保无遗漏。若发现有需要修补的地方，要及时复补腻子。待底油干透后，满刮第一遍腻子，待其干透后，用细砂纸打磨，并清理干净。

（4）刷第一遍混色漆 调和漆黏度较大，要多刷、多理，涂刷均匀，待干后打磨平整。刷第二遍和第三遍混色漆时，每道漆之前均应打磨，以起到密封作用。

图4-50 刷底油

见图4-50，涂刷时动作迅速且轻柔，以避免留下明显的刷痕。见图4-51，刷第一遍混色漆时力度要大，将混色漆渗透至腻子深层。

见图4-52，刷第一遍混色漆后，待完全干燥，用360#砂纸打磨。见图4-53，刷第二遍和第三遍漆时要轻涂，避免有重叠的涂刷痕迹。

图4-51 刷第一遍混色漆

图4-52 打磨

图4-53 刷第二遍和第三遍混色漆

4.2.5 广漆涂饰

广漆即复漆，又被称为明漆、金漆或熟漆，它是由高级生漆经过脱水过滤，并与上等坯油复合制成。这种漆料施工方法繁多，适用领域广泛。在进行底层处理时，必须清除木刺、油污、胶迹和墨线等杂质，可利用木砂纸进行打磨，并确保灰尘清除干净。与广漆涂饰有关的工艺，常被称为抄油复漆，该工艺中的工序里上色油又被称为抄油。

抄油复漆施涂工序：基层清理→上色油→嵌批腻子、打磨→复补腻子、打磨→上色油→上色浆→打磨→施涂广漆。

见图4-54，对基层表面打磨后，用抹布小心地清除木材表面污垢。见图4-55，调制后用铜筛过滤，形成均匀质地的底油。见图4-56，用硬度较高的腻子填充孔洞，干燥后进行打磨处理，将腻子稀释后，进行均匀涂刮。

图4-54 基层清理

图4-55 抄底油

图4-56 嵌批腻子

见图4-57，若物体表面有大量深棕眼，可进行两次批刮处理。见图4-58，待其干燥后，用0#砂纸打磨至光滑，清理灰尘。见图4-59，将腻子均匀涂抹于物体表面，完成初步批刮后，再使用黏稠度较高的腻子对凹痕及其他瑕疵进行填补，避免因腻子收缩而导致损伤痕迹的产生。

图4-57 两次嵌批腻子

图4-58 打磨

图4-59 复补腻子

见图4-60，修补均匀后，将多余的腻子清理干净，待其干燥后，用0#砂纸沿着木材纹理方向进行打磨，以获得光滑的表面，并清除浮尘。见图4-61，采用较宽的板刷整体涂刷。见图4-62，使用油漆刷均匀涂抹，确保涂抹过程中颜色分布一致，调和基层色泽，消除腻子痕迹，以保证后续上漆后色泽的统一，以及漆膜的丰满、光滑与光泽。

图4-60　打磨

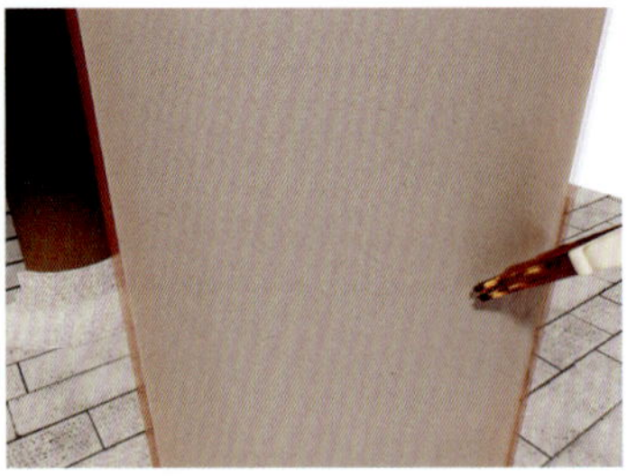
图4-61　上色油

图4-62　上色浆

图4-63展示了待干燥后的过程，用360#砂纸打磨平整光滑，抹去灰尘。图4-64中遵循先涂小面积，后涂大面积的原则，使用牛尾刷先行涂抹边缘及角落，再转至小平面。图4-65中，对于大面积施工，采用大号漆刷进行纵横交错涂抹，以确保颜色均匀分布。在静置1～1.5h后，当观察到颜色均匀且涂抹感到有黏性时，可用柔软细腻的理漆刷沿着木纹方向进行梳理，直至干燥，从而实现漆面的均匀、丰满和光亮。

图4-63　抹去灰尘

图4-64　小刷施涂广漆

图4-65　大刷施涂广漆

相关抄油复漆施涂工艺，见表4-3。

表4-3　抄油复漆施涂工艺

序号	工序名称	用料及操作工艺
1	基层清理	用0#木砂纸与抹布将木基层打磨干净
2	抄底油	用熟桐油、松香水以及可溶性染料或各色厚漆、石性颜料进行调配
3	嵌批腻子、打磨	用含有底色的桐油石膏腻子进行嵌批作业，随后进行打磨
4	复补腻子、打磨	在进行第二遍腻子施工时，其色彩应与首层腻子保持一致，黏稠度应适度降低
5	上色油	用抄底油的带色熟桐油再薄而均匀地刷一遍
6	上色浆	色浆材料需要利用嫩豆腐及适量血料混合调色颜料进行调配，而颜料的选择应依据所需的色泽而定
7	打磨	待色浆干透后，用0#砂纸打磨，磨去面层颗粒，要求打磨光滑并抹去灰尘
8	施涂广漆（复漆）	施工的顺序应遵循先处理边角，再处理平面的原则

4.2.6 红木制品擦漆

红木制品擦漆所用的漆料被称为生漆、大漆或国漆。该工艺优先考虑那些质地坚硬、色泽优雅、纹理鲜明，且无任何损伤或损伤痕迹的木材；同时，应确保木材色差在可接受范围内。常用的优质木材包括紫檀、黄花梨、乌木及老红木等。

图4-66（a）中的红木制品因其木质致密，在经过生漆揩擦处理后，能展现出清晰木纹、细腻光滑的表面，以及红黑交融的独特装饰效果。如图4-66（b）所示，从整体上看，经过擦漆处理的红木制品整体端庄典雅，木质纹理具有生动感。

（a）红木椅子　　（b）红木柜

图4-66　红木制品擦漆涂饰应用

红木制品擦漆工艺按照木质可分为红木制品擦漆、香红木制品擦漆、杂木仿红木制品擦漆工艺。

传统工艺涂饰小贴士

仿红木制品擦漆色浆

（1）刷猪血底色　将碱性品红染料以少量水溶解后，缓慢混合入生猪血中，并确保混合均匀。所添加染料的量应控制在能够适度凸显木纹的程度上，避免过量导致木纹被遮蔽。

用猪鬃制成的刷子蘸取猪血底色，均匀涂布于木材表面。应注意涂饰的均匀性，防止出现漏刷或色泽流淌现象。待底色干燥后，使用清洁的抹布去除刷子遗留的颗粒和刷毛，并使表面平滑。也可利用0#砂纸轻柔地打磨，以获得更佳的触感，但应确保不破坏底色层。

（2）拼色　由于不同杂木材质的差异性，经验丰富的漆工应进行颜色调配，并通过试验确定合适的颜料配料比，以避免颜色过深。若出现色泽不均，可利用酒精溶解碱性品红等颜料，并用老棉絮蘸取溶液对颜色浅淡的区域进行局部加深处理。

4.2.7 推光漆磨退

推光漆磨退工艺是在已干燥的漆膜表面上，经湿砂磨后，用手掌摩擦漆膜表面，使之发热放光。这种古老而繁重的操作过程就是推光漆磨退工艺的核心步骤，该工艺又称退光漆磨退工艺。我国多采用黑色推光漆涂饰。该工艺涂膜坚硬耐磨、抗酸碱、耐高低温、能抵御化学物质的腐蚀、光泽与色彩持久、附着力强。推光漆技艺被誉为我国四大名漆技艺之一，广泛应用于古迹名胜、工艺美术品、高档屏风、牌匾和台面等的装饰。

图4-67（a）中的推光漆首饰盒采用钢瓦灰浆对漆膜进行细致的打磨与研磨，直至其表面如镜面般光洁平滑，展现出深邃而璀璨的黑亮光泽。图4-67（b）中的推光漆屏风以金线、彩绘进行细致点缀，使得整体效果显得富丽堂皇、典雅高贵。

（a）推光漆首饰盒　　（b）推光漆屏风

图4-67　推光漆涂饰应用

（1）基层处理　推光漆磨退工艺的基层处理，存在三种主要方法。在涂抹精制漆前，基层的处理过程相对复杂且工序繁多。

油灰麻绒打底工序如下：嵌批腻子→打磨→褙麻绒→嵌批第二遍腻子→打磨→褙皮纸→打磨→嵌批第三遍腻子→打磨→嵌批第四遍腻子→打磨。

图4-68中，调配腻子的配料比为血料：光油：消解石灰=1：0.1：1。图4-69中，嵌批第一遍腻子后，用铲刀削平挤压出来的腻子。图4-70中，全面铺展麻绒，并压实使其平整，再次涂覆血料油浆，使其均匀渗透至麻绒中。

图4-68 调配腻子

图4-69 嵌批第一遍腻子

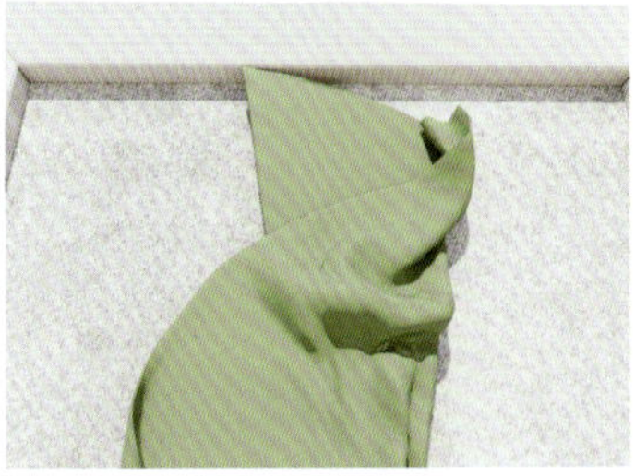

图4-70 褙麻绒

图4-71中，利用刷子细心地展平，表面无皱褶。使用较硬的板刷进行拍打和抹压，直至整个表面密实且整齐划一。图4-72中，嵌批第二遍腻子后，用铲刀削平外露的麻绒。图4-73中，待完全干燥后再进行打磨。

图4-71 褙皮纸（一）

图4-72 嵌批第二遍腻子

图4-73 打磨（一）

图4-74中，第一层云皮纸粘贴牢固后，沿边缘涂抹血料油浆。依照此法继续粘贴后续纸张，最后再整体涂刷一遍血料油浆。图4-75中，腻子配料比为熟漆：熟石膏粉：水=1：0.8：0.4，重压批刮。图4-76中，打磨后用稍湿的抹布清理浮灰。

图4-74 褙皮纸（二）

图4-75 嵌批第三遍和第四遍腻子

图4-76 打磨后清理浮灰

（2）工序及操作工艺 基层面进行打底之后，可进行推光漆施涂、打磨。

图4-77中，涂刷时要薄，采用软质板刷。图4-78中，边打磨边清理灰尘，保持界面干净。图4-79中，腻子配料比为生漆：熟石膏粉：细瓦灰：水=3.6：3.4：7：4。

图4-77 刷生漆

图4-78 打磨（二）

图4-79 嵌批第五遍腻子

图4-80中，磨完后用水洗净，如有缺陷应用腻子修补平整。图4-81中，采用纹理细致的优质板刷上色。图4-82中，用几乎不含漆的刷子顺着物体表面的长度方向进行梳理，使其边缘整齐。同时，留意侧面及边角处是否有漆滴流挂，如有应及时清除。

图4-80 打磨（三）

图4-81 上色

图4-82 刷第一遍推光漆

图4-83中，在打磨过程中应不断观察，避免磨穿漆膜。待表面磨至平滑后，用清水冲洗干净，若打磨过程中出现磨穿现象，应进行修补，并在干燥后重新涂刷。图4-84中，刷第二遍推光漆后，待颗粒内部漆膜干透后，用砂纸将凸出的杂质磨平。图4-85中，在最后打磨过程中再次磨穿漆膜，则应重新涂刷推光漆，待其干燥后再进行打磨。

图4-83 打磨（四）

图4-84 刷第二遍推光漆并磨粒

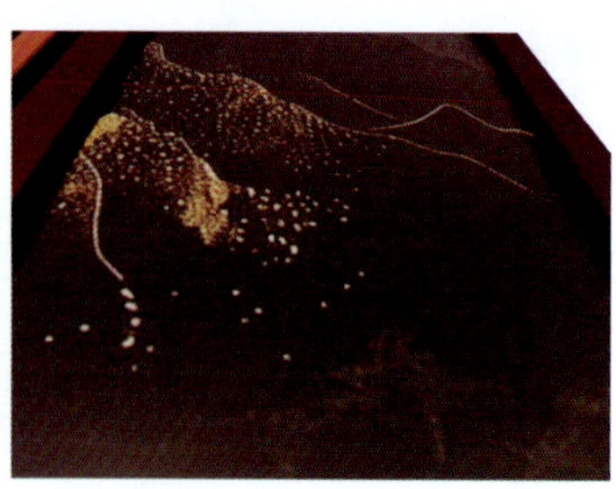
图4-85 打磨并刷推光漆

传统工艺涂饰小贴士

推光漆操作注意事项如下：

（1）施涂作业的初始阶段，操作环境应维持70%～85%的相对湿度，以确保工艺的顺利进行。

（2）若采用漆灰褙布打底，则可省略初次涂刷生漆的步骤，直接进行第五遍腻子的嵌批处理。

（3）上色所使用的豆腐色浆由嫩豆腐与适量的血料及颜料混合搅拌制成，这种色浆特别适用于红色或紫色的底面涂饰。对于黄色底面，则可根据实际情况选择是否上色。

4.2.8 画线、刻字

（一）画线

画线的特点是形成半圆形状的凸起线条，通常称为“起线”，主要功能在于区分不同色彩的涂层面，从而营造出鲜明界限与层次分明的视觉效果，赋予作品立体感，带来清晰的审美体验。

（1）画油线 底层油漆应呈干燥状态。在调和漆中掺入适量的铅油，以避免线条的流淌和垂坠现象。图4-86中，使用粉线袋在预定位置弹出线样，确定线条的上下界限，再利用专用工具将中间区域涂满。

（2）画粉线 在物体表面水色涂层完成之后进行。先涂一遍稀释后的清漆，待其干燥后，使用细砂纸打磨至平滑。图4-87中，在预定画线的区域，以铅笔标出基础图案，随后将水彩颜料与水调和至适宜的浓度，使用画线工具进行描绘。线条完全干燥后，再以清漆覆盖，以固定并保护线条。

图4-86 画油线

图4-87 画粉线

（二）刻字

古代建筑广泛使用匾额、楹联等装饰性元素，其文字部分或凸起或凹陷于物体表面。阴刻与阳刻都是我国传统刻字的两种基本刻制方法。阳刻是将笔画显示在平面物体之下的立体线条刻出，阴刻则是将图案或文字刻成凹形。这两种方法均能增添建筑的装饰效果和艺术魅力。

（1）凹字刻字法 “地仗”做完中灰面层并打磨清理后，根据字体的深浅，刻字工艺为：批细灰（渗灰）→蘸水刷出痕迹→批细灰→打磨→刷生桐油（钻生）→字迹贴面→刻字→清除残纸→修整字迹→在凹处刷生桐油→刮灰浆→满刮细腻子→三遍油。

（2）凸字堆字法 在制作大型字体时，字周围的灰堆显得较为厚重。通过在灰层中添加小钉并缠绕麻线，按照一麻五灰的方法逐层构建，完成字堆后，涂覆生桐油以保护字面。小型字体的灰堆较为轻薄，不必添加钉子和麻线。采用粗灰、细灰、底灰依次堆叠。完成后同样涂抹生桐油。

图4-88为凹字刻字法，相对简单，刻下去的文字笔画经过着色后形成丰富的立体感。图4-89为凸字堆字法，对于难以用灰堆形成的笔迹，应采用刻刀进行修饰。而对于细长、灰头较少的笔迹，则用底灰进行补充。

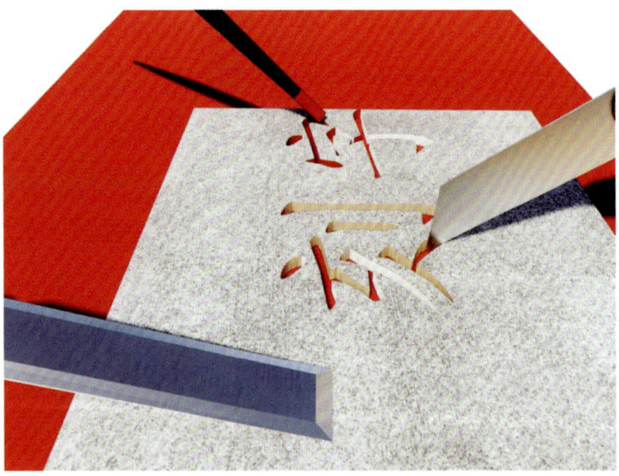

图4-88　凹字刻字法

图4-89　凸字堆字法

4.2.9　仿石纹、仿木纹涂饰

（一）仿大理石纹

仿大理石效果涂饰是对丙烯酸类涂料进行精细的揉色处理，并辅以多种辅助工具。该涂饰方法常见于家具台面及室内空间设计，用以彰显其独特的高雅气息。此外，通过涂饰手段模拟大理石纹理，不仅能够弥补天然大理石色彩单一的不足，也为设计师们提供了更加灵活的色彩选择。

首先，通过砂纸均匀打磨木板以去除不平整之处，并彻底清除尘埃。然后，涂抹一层专为实色漆设计的腻子，待其干燥后进行细致打磨。底漆固化后，再次进行整体打磨，去除浮尘，涂白色底漆。待底漆干燥后，运用喷点与酒精扩散的方法模拟大理石纹理。干燥后，以清漆进行罩面处理，从而在白色底漆上形成逼真的大理石纹理效果。

图4-90中，用0#砂纸打磨木板表面不平整处。图4-91中，腻子刮涂较薄，应覆盖一遍透明底漆。

图4-90 打磨

图4-91 刮腻子

图4-92中，用300#砂纸打磨透明底漆表面，形成光洁的表面。图4-93中，采用无气喷涂机喷白色底漆至界面，喷涂2遍或3遍。

图4-92 打磨透明底漆

图4-93 喷白色底漆

图4-94中，大理石色调色应准确，可多次调试，符合视觉要求后再正式喷涂，喷涂2遍或3遍。图4-95中，制作大理石纹理时可以通过喷涂或涂刷的方式，形成云纹肌理效果。图4-96中，喷涂罩面漆时应稀薄，可以一次性完成。

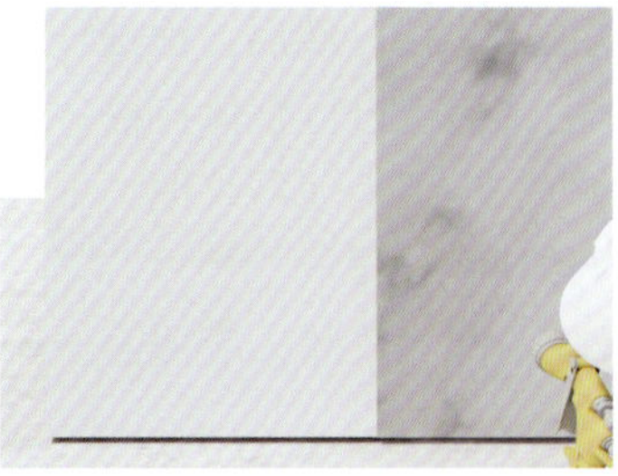

图4-94　喷涂大理石色

图4-95　制作大理石纹理

图4-96　喷涂罩面漆

（二）仿花岗岩

首先，应涂覆一遍浅灰色或米黄色的底漆。然后，施加仿花岗岩的其他颜色底色，第二遍漆应调稀，使漆膜呈现无光或亚光效果。接着，待底漆干燥后，利用喷雾器装载红色、黑色或灰色调和漆，喷洒出雾状小颗粒，均匀地覆盖于底漆表面。最后，形成所需的花岗岩纹理效果，见图4-97、图4-98。

图4-97中，涂覆底漆2遍或3遍，形成一定遮盖效果。图4-98中，根据需求选择合适的颜色调和，可以一次性完成。

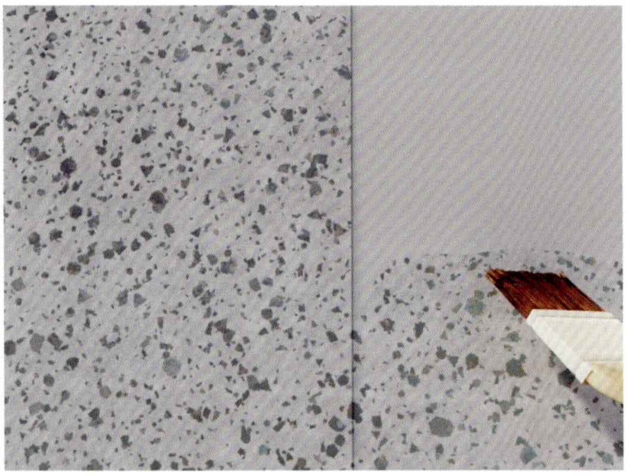

图4-97　涂覆底漆

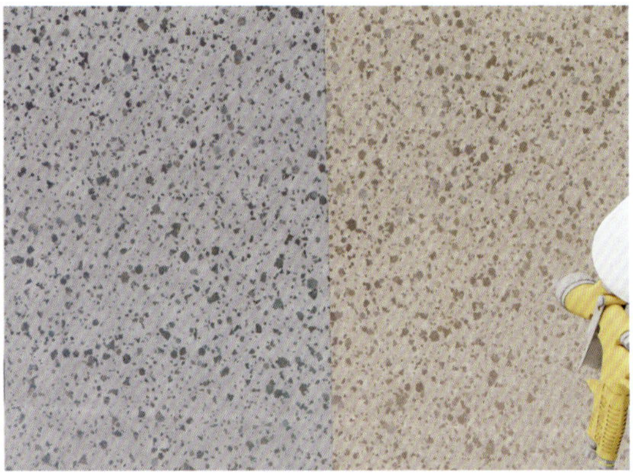

图4-98　喷涂面漆

（三）仿木纹

仿木纹涂饰工艺作为一种创新性的装饰手法，其核心在于利用特制的木纹漆，借助橡胶辊筒等特殊工具，在家具表面绘制出类似木纹的图案，从而营造出一种超脱于普通贴纸木纹的艺术效果。此工艺不仅呈现出自然逼真的木纹纹理，而且能够捕捉到实木家具的精髓。通过调整工艺参数，可创造出多样化的木纹风格，既节约了成本，又有效缓解了木材资源的紧缺状况。

（1）水色仿木纹　首先，应调配出与目标木材外观相似的水粉色浆，并利用羊毛排笔均匀涂抹于底层漆膜之上。然后，操作者应使用橡皮刮板勾勒出核心的树心纹理，继之以底纹笔轻扫，形成木纹射线，并借助海绵块按照树心纹理擦拭出边缘细节。最后，直至完成整个木纹图案的绘制，涂覆两遍以上的清漆以保护表面。绘制木纹的涂料可以使用猪血、氧化铁黄与少量的氧化铁黑混合调配，见图4-99。

（2）油色仿木纹 首先，施涂一遍色泽接近象牙的亚光漆，其配料比大致为调和漆与无光漆3：2。涂覆后，待其干燥，再利用细木砂纸进行打磨，以消除光泽。然后，将适量红色调和漆调入黄色调和漆中，以调制出近似自然木纹的色泽，涂层薄而均匀。继续采用具有齿形边缘的橡皮刮板，依据所需仿制的木纹样式，从上至下进行刮绘，形成线条。接着，使用硬毛油漆刷对线条表面进行轻触式轻扫，使得被扫过的区域颜色变浅，而对那些未扫到的、显得生硬的线条则用画笔进行细致修饰。最后，涂上一遍透明罩面清漆以巩固效果。整个仿木纹的绘制过程必须在调和漆的涂膜干燥之前完成，以确保图案的清晰度和牢固度，见图4-100。

图4-99 水色仿木纹

图4-100 油色仿木纹

4.2.10 制作匾额、楹联

我国古建筑厅堂的梁柱结构上，通常装饰有木制匾额和楹联。横置者为匾，竖置者为额（图4-101）。

图4-101 匾额、楹联

制作匾额与楹联的技艺可分为阴刻与阳刻两种。匾额之上所书字体，一般采用堆字法进行阳刻；而楹联诗词的字则常用刻字法，即阴刻。在木质构件上，首先需完成“地仗”的制作工序。在此过程中，部分匾额的“地仗”会采用蒙金石技法进行装饰，而字体则采用青、绿色涂料，或者选择字体贴金作为装饰。

（一）阴刻

阴字底部完全平整者称为平落。先勾勒字边，再铲平底部。还有一种刻法，即文字的每侧或每笔周围均刻成V形沟槽，而中心部分保持平整不刻，笔画的尖角则通过V形沟槽的收刀处理。

（1）待“地仗”做好干燥后，将预先设计的字样复写到纸上，并按照既定位置粘贴于“地仗”之上。

（2）紧邻字样边缘，使用斜刀轻微向内倾斜，刻出字边。

（3）继续对字体进行雕刻，形成背形，确保脊背的最高点与匾额的平面保持一致。

图4-102中，阴刻的雕刻深度应根据字体的笔画宽度调整，笔画宽处刻深，笔画窄处刻浅，以营造出立体感。在此过程中，应避免形成死棱角，同时确保字体不变形。

（二）阳刻

阳字制作可采用薄片木板或层叠板材镂刻出字模，后将其钉于匾额之上，再进行“地仗”处理。

（1）将字模复写于纸张上，并依照预定的设计位置，将纸张粘贴于“地仗”表面。细致铲除字样周围的非字体部分，确保仅保留凸起的字样，形成平滑的鼓面效果，参见图4-103。

（2）阳字雕刻完毕后，对剩余的废纸进行轻微喷水处理，使其湿润并变得松软。待纸完全湿透后，小心移除。对字体进行精细修整时，在字体表面涂刷一遍生桐油以增加光泽，参见图4-104。

（3）油干后，刮底灰一遍，再满刮细腻子一遍，用料和批刮工艺顺序与三遍油做法相同。待满刮细腻子干燥后，进行打磨和清洁，随后即可涂刷三遍油，参见图4-105。

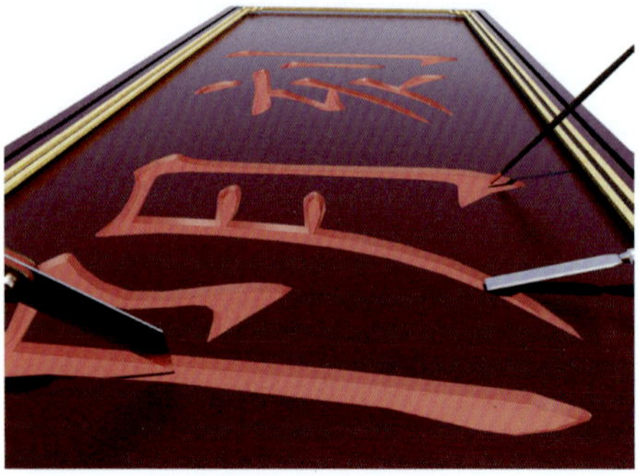

图4-102　阴刻

图4-103　字模复写

图4-104　阳字雕刻

图4-105　上漆

（三）扫青、扫绿、扫蒙金石

（1）扫青 在字迹表面涂上绿色油质后，利用筛子将细颗粒的佛青颜料均匀筛选，并撒布于油面之上。完成后，迅速将其置于阳光下晒干，并使用排笔清除浮色，使字迹呈现出绒感的青色。在字迹制作完毕后进行底层的制作，方法与字迹制作类似。在制作底层之前，采用纸张覆盖已完成的字样，以防止字迹被污染，参图4-106。

图4-106 扫青

（2）扫绿 在字迹表面均匀涂抹一遍黏稠的绿色油脂，保证涂抹无遗漏且动作迅速。通过筛子将绿色颜料细致地撒布于油面上，之后将作品放置于室内阴凉环境中，自然阴干约24h。经过适当时间的干燥后，轻轻扫去多余颜料，此时字迹将呈现出具有绿色绒感的视觉效果，参见图4-107。

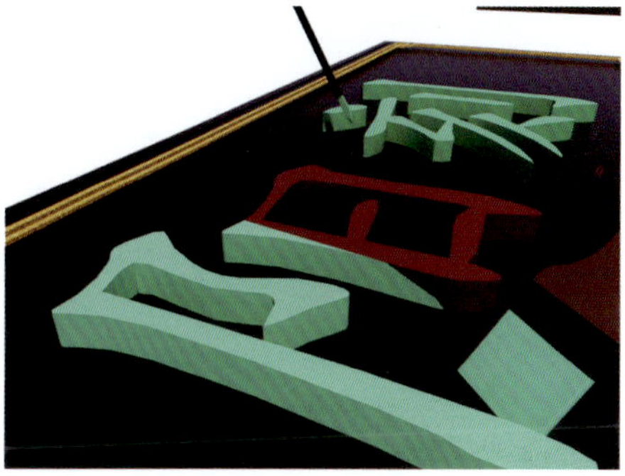

图4-107 扫绿

（3）扫蒙金石 是指各种色泽的黄色砂粒或石英砂等材料，其工艺与“扫青”及“扫绿”工艺大致相同，可通过孔筛进行筛选。颜色有红、黄、蓝、白、黑、金等。扫蒙金石常用于匾额及楹联的底板装饰。在材料干燥后，应将未能牢固粘贴的蒙金石颗粒清除。若需要进行贴金工艺，则应先将金箔贴上，完成贴金后再进行蒙金石的扫撒步骤，参见图4-108。

图4-108 扫蒙金石

第5章

现代工艺涂饰涂装方法

操作难度： ★★★★☆

核心概念： 基础界面处理、油性涂料、水性涂料涂装方法、壁纸施工

章节导读： 建筑装饰的表层处理工艺，核心在于对各类建筑构造的表面进行覆盖或改造，以展现不同的纹理效果或色彩变化。涂饰材料能够覆盖原有结构，凸显其纹理，彻底转变其外观。涂饰技术的实施手段繁多，对基层的处理却普遍要求其表面平整、洁净，应通过腻子填充和多次打磨，以确保涂料能够均匀、完美地覆盖。本章旨在深入探究建筑内部空间涂饰工程的施工细节，尤其关注涂料的应用。现代涂料的涂饰工艺追求立体化审美，形成具有“应景”效果的装饰纹理，如图5-1所示，艺术涂料的贝壳形涂装，表现出环境氛围的自然属性。

图5-1 装饰涂料施工

5.1 基础界面处理

在涂饰面层之前，应对基层进行预处理，其目的在于进一步优化装饰材料和结构表面的平整度，为后续的乳胶涂料涂饰、真石漆喷涂、壁纸铺贴、墙面彩绘等施工步骤奠定坚实的基础。

5.1.1 墙顶面抹灰

针对诸如粗糙的水泥墙面、裸露的砖墙、混凝土楼板等不同界面，应进行找平处理，通常采用不同配料比的水泥砂浆来完成。下面以常见的砌筑墙体为例，介绍抹灰施工的技术要点（图5-2）。

（一）施工方法

（1）检查毛坯墙面的完整性，并记录明显凸出与凹陷的部位。在墙面的四个角落吊设竖线与横线，确定水平基准。基准线、墙裙线及踢脚线应依次弹出，并绘制冲筋线，以指导后续施工。

（2）对墙面进行适度湿润处理，随后准备比例为1：3的水泥砂浆，用于对墙面及顶面的阴阳角进行找方处理，并确保门窗洞口的护角施工质量。

图5-2中如果墙面需要增加保温层，应当在保温层表面挂贴防裂网后再抹灰。图5-3中调配水泥砂浆时应当严格控制水泥与砂的比例，在加水之前充分拌和均匀。

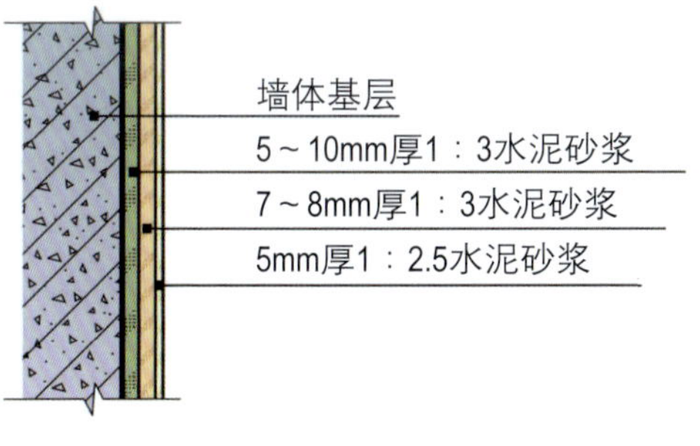

图5-2 水泥砂浆抹灰构造示意

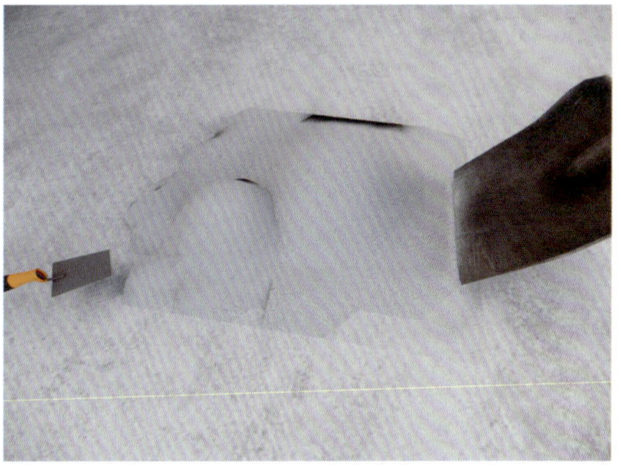

图5-3 调配水泥砂浆

（3）使用1：2比例的水泥砂浆进行基层抹灰，其厚度控制在5～7mm范围内。待基层抹灰干燥后，再以1：1比例的水泥砂浆进行找平层抹灰，同样保持5～7mm的适宜厚度。

（4）采用素水泥找平面层，养护7天。

（二）施工要点

（1）抹灰施工中，使用32.5#的普通硅酸盐水泥，避免不同品种或标号的水泥混合使用。抹灰施工所用的砂应为中砂，使用前须经过网筛处理，确保不含有泥土、石子等杂质。

图5-4 抹灰界面挂网

（2）抹灰作业中，采用石灰砂浆作为底层材料时，必须确保石灰膏的熟化期限不低于15天。而用于罩面的磨细生石灰粉，其熟化期也应超过3天。此外，水泥砂浆调配完成后，应在初凝前使用完毕，任何已经硬化的砂浆均不得再次投入使用。

（3）对基层处理须合格。砖砌体的表面必须彻底清除附着物及尘土，并在抹灰前进行洒水湿润处理。对于混凝土砌体，则应进行凿毛处理，或者先洒水湿润表面，随后调配1：1水泥砂浆，在其中加入10%的901建筑胶黏剂，以增强黏结力。

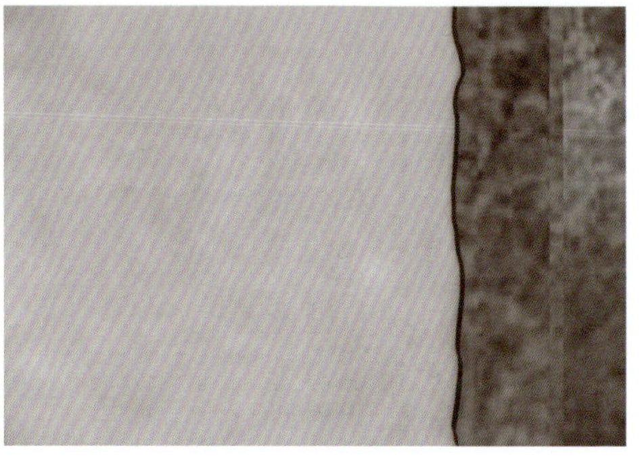

图5-5 转角抹灰

（4）在进行不同墙体材料交接处的抹灰作业时，为防止开裂现象，应采取相应的防裂措施。例如，可使用防裂胶带或细金属网等材料进行加固处理。

（5）洞口阳角处理时，用1：2比例的水泥砂浆制作暗护角，该暗护角的高度应控制在2m以下，且每侧的宽度应超过50mm。

图5-6 表面找平

图5-4中增设保温层的墙面，必须在保温材质之上覆以防止裂缝的网格布，然后才能进行抹灰处理。图5-5中的墙面边角的处理，应特别注意其平滑性，可通过安装塑料或金属制的护角条来实现，并要确保水泥砂浆的均匀涂抹。

（6）大面积抹灰应立标筋线。通过制备标筋并恰当定位，以及精准校正阴阳角落的垂直度，可以保障抹灰工程的水平。

如图5-6所示，抹灰后应当采用金属模板对抹灰界面作整体刮平。图5-7中的新旧墙体抹灰的过渡应当自然均衡，通过一定的穿插处理，使抹灰的吸附力更强。

图5-7 新旧墙体过渡

（7）针对那些已被白石灰或腻子涂覆的墙面，不宜直接使用水泥砂浆进行抹灰作业。可选用石膏粉或腻子粉进行平整处理。

（8）抹灰层的水泥砂浆层厚度不超过15mm，顶面抹灰层则应控制在10mm以下。若需要加厚抹灰层，则在初次抹灰层彻底干燥后，应于墙顶面固定钢丝网，并进行第二次抹灰作业。首次抹灰应使用1：2比例的水泥砂浆，而第二次则可改用1：1比例的水泥砂浆。墙面抹灰层的总厚度不应超过25mm。

（9）水泥砂浆抹灰层应在抹灰24h后进行养护。

（10）在抹灰层尚未凝固之前，必须避免振动、撞击以及水分的急剧蒸发。抹灰面的温度应保持高于5℃，且在初凝阶段，即图5-8中的抹灰完毕后，应当检查表面的平整度，待完全干燥后才能进一步施工。在待干过程中应当时常洒水润湿，让抹灰层内外同时且缓慢地干燥（图5-9）。气温较高且没有及时润湿会导致抹灰层开裂，影响抹灰层的构造强度，如图5-10所示。另外，抹灰层不得遭受冻结。

图5-8　墙面抹灰完毕

图5-9　抹灰界面湿水养护

图5-10　抹灰界面开裂

5.1.2　自流平水泥施工

自流平水泥是一种预先配制的粉状混合水泥。在施工现场仅需要加入适量水搅拌均匀后，即可用刮刀均匀铺设于地面，从而形成高平整度的基面。该基面适合直接铺设复合木地板、地毯、地胶等薄型装饰材料，以实现一种极为平滑的地面效果。图5-11中的自流平水泥具有硬化迅速的特点，4～5h后即可承载行人行走，24h后即可进行面层施工，这一特性使得该材料在施工速度与便捷性方面表现出色，特别适合于对地面平整度有较高要求的环境。

图5-11　自流平水泥

（一）施工方法

（1）在确保地面无破损的基础上，对凹陷部位进行专业修补，使用水泥砂浆以1：2的比例进行填充；同时，在墙体底部进行精准的放线定位，以明确自流平水泥的浇筑高度。

（2）对地面进行深度清理，确保其干燥、洁净，无尘埃与油渍，并均匀涂刷两遍与产品配套的表面处理剂。

（3）依据自流平水泥的使用说明，准确按照比例调配水泥浆料，并进行充分搅拌，随后静置5min，再将其均匀倒铺于地面上。

（4）采用配套靶子等工具，将自流平水泥整平，并赶出气泡，养护24h。

在施工前，必须对地面进行精确找平，使用水泥砂浆填充凹痕，力求表面平滑无痕（图5-12）。将搅拌好的自流平砂浆均匀地分散倒在地面上，利用其流动性实现自我平整（图5-13）。利用刮板对地面不平整的部分进行细致刮涂，在材料干燥前将其刮平，确保表面平滑（图5-14）。

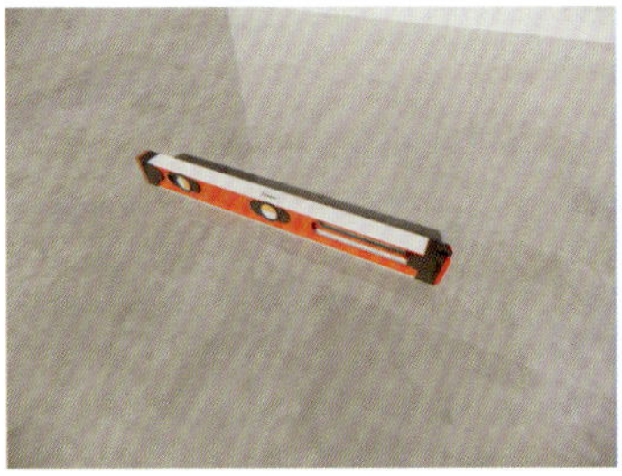

图5-12　地面找平

图5-13　砂浆自流地面

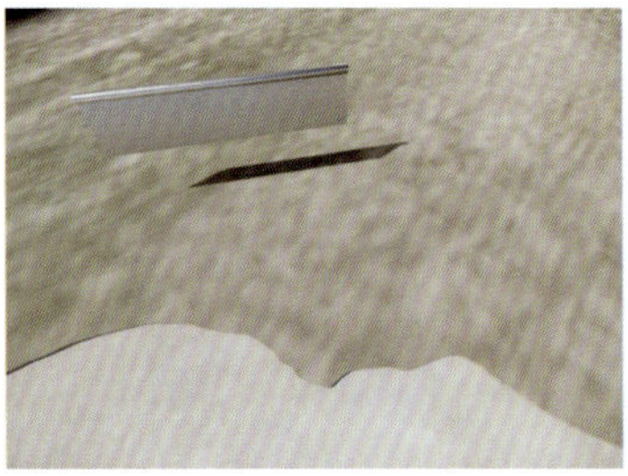

图5-14　赶刮平整

（二）施工要点

（1）底层水泥地面应洁净、干燥、平滑。在此过程中，务必确保水泥砂浆与地面之间无空鼓现象，且砂浆表面不应存在砂粒。此外，基层水泥的强度必须满足不低于10MPa的要求。

（2）在实际施工前，应视具体情况利用打磨机对地面进行预处理，以去除表面的杂质、浮尘。完成打磨后，应清扫并使用吸尘器彻底清除灰尘。

（3）自流平施工时，边缘部位应设计阻挡结构，以维持边缘的平整性，便于与其他类型的地面材料顺利拼接（图5-15）。

图5-15　边缘阻挡

（4）将自流平水泥浆料倒入指定容器，严格遵循包装上的指示添加水，并利用电动搅拌器充分搅拌，以确保混合均匀。自流平水泥浆料在搅拌时，应先搅拌2min，再暂停1min，而后继续搅拌1min。搅拌过程中，应确保无块状或干粉物质存在，搅拌完成的自流平水泥应呈现流体状态（图5-16）。

图5-16　水泥浆料搅拌

（5）混合自流平后，应迅速在半小时内施工。施工时使用带齿工具展开混合物，并确保接缝处平整。自流平水泥施工完毕后应待干养护，禁止踩压、行走（图5-17）。

图5-17 自流平水泥施工完毕

（6）表面处理剂的稀释和使用应遵循说明，用羊毛辊筒均匀涂抹，确保无间隙。

（7）涂抹处理剂后，应根据产品特性等待适当时间，以增强自流平与地面的黏结效果。

（8）对于高平整度要求的地面，或者计划铺设地毯、地胶的情况，自流平水泥完全干燥后，应使用打磨机进行打磨处理，并使用吸尘设备清除打磨产生的灰尘。

（9）为提高自流平地面的耐久性，可根据设计规范与使用需求，在其表面涂刷环氧地坪涂料，有效保护地面，防止磨损（图5-18）。

图5-18 涂刷环氧地坪涂料

（10）确保基层表面的平整度。此过程依赖于精确的标筋线制作与放线定位，将其作为参考基准。不可草率地对施工界面进行抹灰处理，不然很难实现预期的平整效果。

（11）在处理小面积墙面或构造找平时，可选用铝合金模板作为辅助工具，其长度宜超过2m，以便在施工过程中利用水平尺进行实时校正。

5.2 现代油性涂料涂装方法

根据不同涂料品种，涂饰施工方法均有所不同。施工人员要熟悉不同涂料的特性，仔细阅读包装说明。

5.2.1 醇酸涂料施工

醇酸涂料又被称为三宝（清）漆（图5-19），它在干燥速度、附着能力、硬度、光泽、耐候性和保光性等方面表现出优于油性涂料的性能。尽管其涂膜相对较软，且抗大气侵蚀能力较弱，但它仍然被应用于室内外金属和木材表面的涂装，以及醇酸磁漆的罩光处理。应根据施工情况采用稀释剂来调整涂料黏度，该涂料可采用涂刷、辊涂、喷涂等涂装方式。

图5-19 三宝漆

（一）施工方法

（1）首先清理表面，移除多余的木质纤维，并使用0#砂纸对木质结构表面及转角处进行打磨，以确保涂料能够均匀涂抹，并达到良好的附着效果（图5-20）。

（2）需要根据木质结构的纹理和色彩，按照比例调配腻子粉的颜色，用于填补干透漆膜上存在瑕疵的部位，并对钉头凹陷进行修补。待修补材料干燥后，使用240#砂纸对表面进行打磨。

（3）接下来进行首次清漆的整体涂装，待其干燥后，再次修补腻子，并使用360#砂纸对表面进行打磨。随后涂装第二遍清漆，施工时应当顺着纹理涂刷，并在涂装后使用600#砂纸进行打磨处理（图5-21）。

（4）在使用频率高的木质构造表面涂刷第三遍清漆，待干后打蜡、擦亮、养护。注意一定要等完全干燥后再涂饰周边的乳胶涂料（图5-22）。

图5-20　基层处理

图5-21　修补腻子并涂刷清漆

图5-22　清漆涂刷完毕

（二）施工要点

（1）基层处理作为涂饰工艺中的核心环节，它对施工质量具有决定性影响。在涂刷清漆之前，必须彻底清除木质结构表面的尘埃、油脂等污染物，以确保涂饰作业的顺利进行。

（2）施工操作过程中，应保持工作环境的整洁，避免尘土飞扬。涂料具有一定的毒性，且对呼吸道有刺激作用。因此，在施工过程中，应确保良好的通风条件，并佩戴专业的防尘口罩。

（3）在涂抹润油粉的过程中，应使用棉丝蘸取润油粉，均匀涂抹于木器表面，并用手反复揉擦，确保润油粉能够渗透至木质纤维的细微缝隙中。

（4）为预防木质材料在加工和运输过程中遭受污染，可在材料入场后立即进行润油粉的处理，或者直接涂刷第一遍清漆，以保障材料的完整性。

（5）修补凹陷时，应采用精心调制的腻子。此过程应依据木材的纹理及色泽进行配比，避免直接使用预染色腻子，且修补后的颜色要与原木一致。

（6）涂刷清漆时，手握油刷过程中应轻松自然，手指轻轻用力，以移动时油刷不松动、不掉刷为标准。

（7）涂装顺序和技巧至关重要，应频繁蘸取清漆，但每次蘸取量不宜过多，以涂刷均匀、顺畅为目标。具体操作应按照从上至下、从难至易、从左至右、从内至外的顺序进行。

（8）以涂刷为主，可采用软质羊毛刷施工，或采用喷涂方式施工，每遍涂刷都力求平整。

5.2.2 聚酯涂料施工

聚酯涂料广泛应用于木质结构和家具的表面涂装，其功能在于能够封闭木质纤维，提供保护作用，并使得表面光亮美观。聚酯涂料需要在施工过程中不断调整配比，以适应挥发过程中浓度的变化，确保涂层均匀。

（一）施工方法

（1）清理木质基层表面，移除过剩的木质纤维，采用0#砂纸对木材表面及其边角进行细致打磨，以达到平滑的效果。

图5-23中残留的灰尘会黏附在涂料中，造成木质材料表面凸凹不平，应采用板刷清除干净。

图5-24中的木质板材在裁切时会残留少量毛刺纤维，严重影响后续涂装效果，应采用铲刀清除干净。

图5-23 清扫表面灰尘

图5-24 铲除多余木质毛刺纤维

（2）依据设计方案的具体要求，结合木材的自然纹理和色泽，对成品腻子进行调色处理。应对凹陷区域进行修补，待修补材料干燥后，利用240#砂纸进行打磨平整处理。

由于市场上销售的成品腻子色彩品种较少，应当根据木质材料固有色，在腻子中添加矿物颜料进行调色，如图5-25所示。图5-26中展示了采用铲刀或刮刀将调好的腻子刮涂至木材表面轻微凹陷的部位。

图5-25　调配腻子色彩

图5-26　腻子灰膏填补

（3）整体涂覆第一遍清漆，待干燥后，对腻子进行修补，并使用360#砂纸打磨。随后，涂覆第二遍清漆，在涂刷清漆时应当平整、稀薄，不宜厚涂，但是要覆盖到位。在干燥后，以600#砂纸进行细致打磨，之后用抹布擦拭表面的浮灰（图5-27、图5-28）。

（4）在使用频率高的木质构造表面涂刷第三遍清漆，待干燥后打蜡、擦亮、养护。

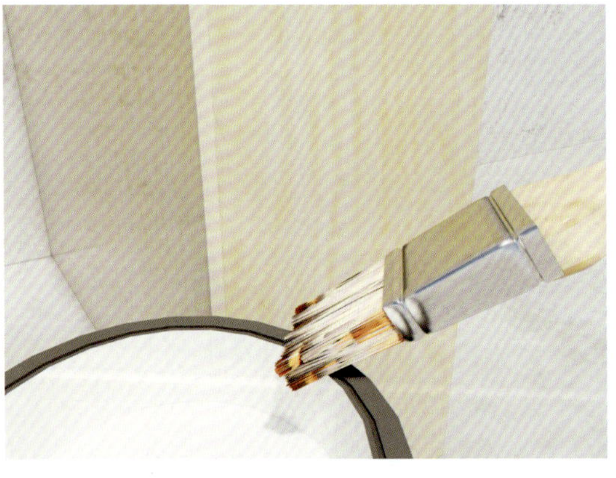

图5-27　涂刷清漆

图5-28　打磨并擦拭

（二）施工要点

（1）木质构造表面预处理是涂饰作业中不可或缺的一环，首要任务是彻底清除尘埃、油脂等杂质。此环节的有效执行，是确保清漆涂刷质量的关键所在。

（2）针对木质表面凹陷部分的修补，腻子的调色应谨慎进行。应依据木材的纹理和色泽进行精确调配，避免直接使用预先着色的成品腻子。

（3）施涂清漆时，握持油刷应保持轻松而自然的状态。聚酯清漆以其优良的成膜性能而著称。在涂饰过程中，必须严格掌握稀释剂及其他配套材料的比例，按照产品说明进行精确操作。应以涂刷为主要施工方式，并确保每一遍涂刷都能达到平滑无痕的效果。

如图5-29（a）所示，施力时应轻柔，以确保刷子移动时不发生滑动或脱落。操作时应遵循由上至下、由难至易、由左至右、由内至外的顺序，频繁且顺畅地进行涂刷。图5-29（b）中的应用部位是指在使用时磨损较大的转角、边缘、凸角等部位，应进行多道涂刷。

（a）顺应纹理涂刷

（b）应用部位涂刷

图5-29　涂刷操作

5.2.3　硝基涂料施工

硝基涂料表面平滑且触感细腻，具备良好的遮盖性能。该类涂料品种繁多，包括清漆、混漆、裂纹漆等，已成为替代传统涂料的理想选择，广泛应用于木质结构表面的涂饰。

（一）施工方法

（1）使用500#砂纸沿着木材纹理方向进行细致打磨，消除表面毛刺和划痕等瑕疵。打磨完成后，应彻底清理浮尘，保证基材整洁。

图5-30（a）中在构造基层上修补成品腻子，将气排钉的端头与凹陷部位修补平整。图5-30（b）中采用砂纸打磨构造表面，保持基础界面绝对平整。

（2）涂刷封闭底漆，待干燥8h后，再用1000#砂纸轻磨，并清除粉尘。

（3）施以水性擦色液，擦涂时采用旋转方式均匀涂抹，随后顺着木纹方向擦拭，以去除多余液体。干燥后，将硝基底漆轻轻搅拌均匀，并加入适量稀释剂，静置10min后进行涂刷。

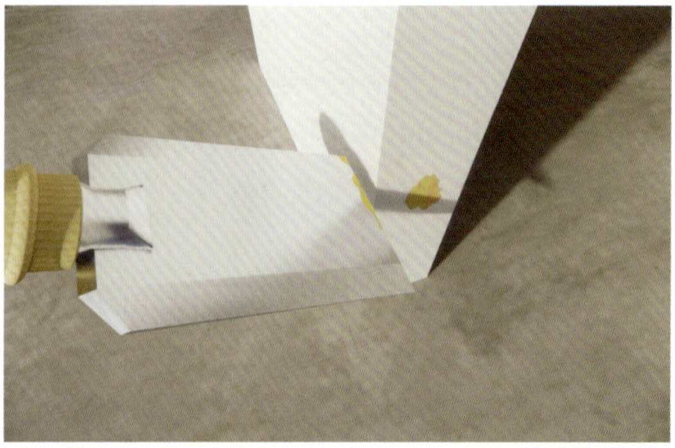

（a）修补腻子

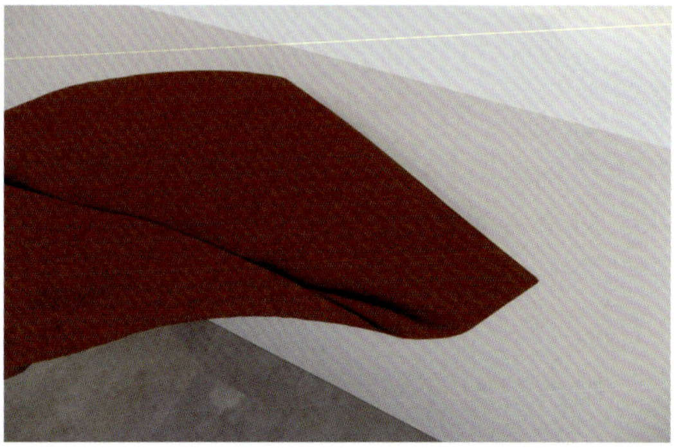

（b）砂纸打磨并擦拭

图5-30　基层处理

（4）在每一遍涂刷后，均应等待涂层干燥，并进行打磨处理，然后继续涂刷。通常涂刷次数在4～10遍之间，最终进行打蜡、抛光和养护处理。

图5-31中在调配时将稀释剂与硝基涂料适当混合，搅拌均匀后添加至喷枪的储料罐中。图5-32中每次喷涂待完全干燥后都应当使用砂纸打磨，使其呈现出细腻平滑的效果。

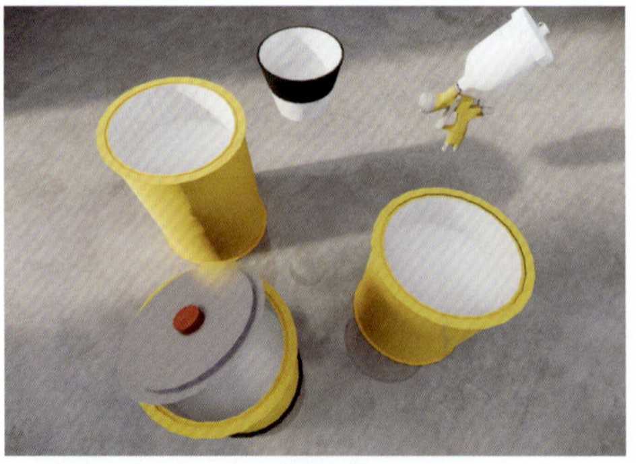

图5-31 调配硝基涂料

图5-32 砂纸打磨并擦拭

（二）施工要点

（1）在进行基层处理时，其流程与常规涂料施工保持一致，但应特别注意表面的平整度要求。在喷涂构造的周边区域，应实施适宜的遮挡措施，以防止涂料外溢。

（2）在涂覆硝基涂料的过程中，应选用质地细软的羊毛板刷进行施工，遵循木纹的方向进行均匀涂刷。应确保每次涂刷间隔在4～8h，以便进行下一遍的涂刷。底层漆干燥后，使用1000#～1500#的砂纸进行细致打磨。为了达到良好的遮盖效果，底层漆至少应涂刷3遍或4遍。

（3）底层漆涂装完成后，方可进行面漆的涂饰工作。采用无气喷涂技术进行面漆施工，每次喷涂前应将硝基涂料充分搅拌均匀，并按要求添加适量的稀释剂。喷涂均匀，且在4～8h后重复喷涂一遍。

（4）每轮喷涂干燥后，均应使用1000#～1500#的砂纸进行细致打磨。面漆的涂刷次数应达到4遍或5遍，方能显现遮盖效果。对于台面、柜门等关键部位，为了达到最佳涂饰效果，涂饰施工的总次数应不少于10遍。

图5-33 遮盖边缘

图5-33中用报纸将涂饰构造的周边区域封住，以防止涂料意外沾染到其他非涂饰部位。图5-34中操作者应快速而均匀地移动喷枪，并保持适当的喷涂距离，以确保涂层的均匀性。

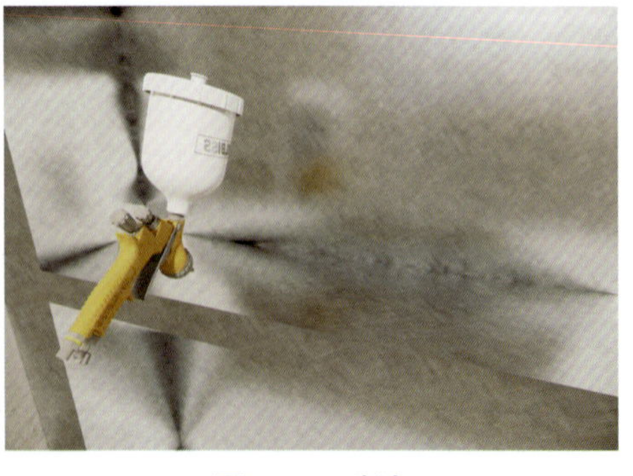

图5-34 喷涂

（5）硝基涂料调色施工时，为了确保色彩的匹配与质量的一致性，应当使用同一制造商提供的配套调色颜料，或仅在制造商指定的专门店铺进行调色处理。

（6）裂纹型硝基涂料通常采用涂刷方式进行施工。在涂覆最后一遍裂纹剂时，须确保其均匀分布，避免出现裂纹大小不一的情况。对于缺乏施工经验的操作者，可先在不显眼的区域进行试验性操作，再开展大范围施工。

（7）硝基涂料的施工周期较长，干燥过程耗时较多，且工艺繁复，成本较高。因此，它通常仅适用于局部涂饰。若采用简化或粗糙的施工工艺，其最终效果可能不如传统涂料。

图5-35中在执行大面积喷涂时，应保持喷枪移动方向的一致性，以防涂料喷涂不均匀或形成混乱的图案。图5-36中待喷涂完成后的构件，应将其外部装饰面朝上，放置于安装位置进行干燥，之后再进行方向标识和编号。

图5-35 大面积喷涂

图5-36 喷涂后待干

5.2.4 氟碳涂料施工

（一）施工方法

（1）须对墙面的基础状况进行检查，以确保其表面平整无瑕。此过程包括对墙面的湿度、裂缝以及尘埃的彻底排查与清除，从而为后续施工奠定基础。采用刮板工具对墙面进行找平作业。图5-37中，当调配好具有复合防水弹性的腻子后，将其均匀批刮于墙表，同时把玻纤网粘贴于墙面。

（2）进行1遍或2遍的腻子批刮操作，待其彻底干燥后，进行打磨并擦拭，随后喷涂封闭底漆，以增强墙面的密封性，见图5-38。

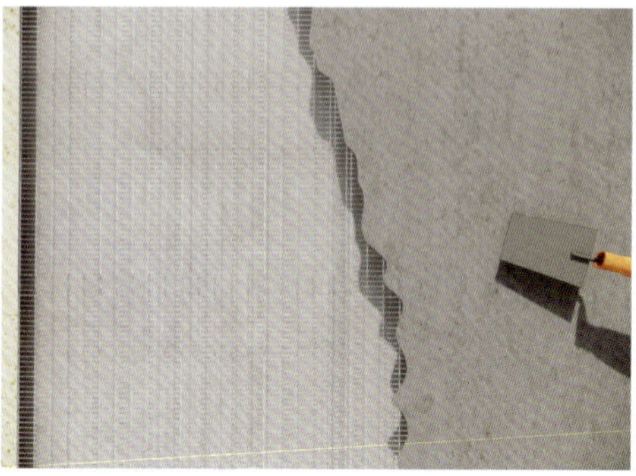

图5-37 刮腻子粘贴玻纤网

图5-38 打磨并擦拭

（3）对墙面进行分格缝设计，运用墨线弹出界线或粘贴装饰胶带作为分格区域。

（4）按照比例2：1将氟碳涂料与水混合，并添加稀释剂搅拌均匀后进行喷涂。

图5-39中喷涂相应的涂色漆，待其干燥后，再使用120#或150#的砂纸进行打磨，并清理灰尘。图5-40中将调配好的氟碳金属面漆均匀喷涂于墙面。待涂层干燥后，使用120#或150#的砂纸进行打磨，确保表面整洁平滑。随后再次喷涂一遍面漆。

图5-39　喷涂配套色漆

图5-40　喷涂金属色漆

（5）小心撕开胶带，保留其白色部分，接着将美纹纸沿着预定线路精确地贴合。然后，使用画笔涂黑。

图5-41（a）中撕开胶带就能获得白色条纹状造型。图5-41（b）中的美纹纸粘贴至白色条纹状造型边缘，用毛笔蘸黑色氟碳涂料涂刷白色条纹区域。图5-41（c）中待黑色涂料干燥后，揭去美纹纸，即可呈现出清晰的线条感。

（a）撕开胶带　（b）白色部分涂色　（c）完成效果

图5-41　氟碳涂料施工效果

（二）施工要点

（1）在墙面特定分色区域实施分格定位，并粘贴胶带。随后，利用专业的滚毛工具在墙面上进行弹性拉毛处理，确保形成的纹路保持均匀性与一致性。

（2）在施工现场，依据既定配料比准确配制氟碳涂料，并通过200目纱网进行过滤处理。在稀释剂存放期间，应持续搅拌以防止沉淀；同时，应不断搅动氟碳涂料，确保涂层的均匀性与一致性。

（3）涂刷外墙氟碳涂料之前，必须对基材表面进行彻底检查，确保其清洁、干燥、平整且牢固。此外，表面不应存在油腻、锈蚀等杂质，对存在的局部质量问题应及时进行修补。

（4）外墙氟碳涂料可适用于常规的喷漆、涂刷或辊涂方法。施工时应避免在雨天、雪天或雾天进行；同时，要严格禁止外墙氟碳涂料与水或醇类物质接触。

（5）每次打磨完成后，须对墙面进行彻底的除尘处理，可使用抹布等工具清除打磨过程中产生的粉尘，以确保墙面整洁。

5.2.5 水性木器涂料施工

水性木器涂料是一种环保型涂料，包括木器装修漆、家具漆及地板漆三大类别。这类涂料仅为半成品，其完整的产品形态需要通过特定的施工过程，在基材上形成涂膜并展现出装饰性后，方能成为最终的成品。

（一）施工方法

（1）对木材表面进行预处理。对于带有木纹的板材，应沿着木纹方向进行打磨，以清除表面污垢。随后进行除尘处理，确保基材表面无尘且清洁，进而涂覆第一遍透明底漆。

图5-42（a）中采用0[#]砂纸打磨使木材表面平整。图5-42（b）中的涂刷底漆应施加力度，让水性木器涂料渗透至木质纤维中。

（a）打磨板材　　（b）涂刷底漆

图5-42　基材处理

（2）待底漆干燥后，采用砂纸细致打磨，并进行彻底的除尘。随后，涂刷第二遍底漆。在干燥过程中，应对钉眼凹陷处进行修补。

图5-43（a）中使用稀释后的色土或钉眼膏进行封闭涂饰，或采用特制腻子粉调色以填补缺陷。图5-43（b）中的修补材料干燥后，进行打磨使其表面平整，使用棕毛刷清理余尘，继续涂刷第三层底漆。

（a）腻子修补　　（b）打磨除尘

图5-43　修补腻子

（3）调和面漆时，应严格按照比例进行混合，并充分搅拌均匀后进行涂刷。

图5-44（a）中均匀涂刷1遍或2遍面漆，每一遍完成干燥后均使用600#砂纸磨平。图5-4（b）中，待面漆完全干燥后，使用600#砂纸磨平，接着进行面漆的罩光处理，直至干燥。

（a）涂刷面漆　　（b）涂刷罩光剂

图5-44　涂刷面漆和罩光剂

（二）施工要点

（1）施工基层应保持清洁、平滑，绝不能遗留任何油渍、胶黏剂等杂质。同时，其含水率不得高于12%，若手触感潮湿，则不宜立即施工。

（2）底漆应使用清水进行稀释，稀释比例建议为清水添加量占底漆质量的10%～20%，均匀涂刷2层或3层，每层之间应间隔4～5h以便干燥。干燥程度应根据具体的湿度与气候条件而定，之后使用砂纸进行打磨。

（3）面漆涂刷2遍或3遍，间隔4～5h，每遍干燥后用800#以上砂纸轻轻打磨。

（4）若木材表面先前已涂有油性底漆，在施用水性涂料之前，必须对油性底漆进行打磨处理，并清除粉尘。这一步骤是确保水性底漆良好附着的关键。

（5）涂刷底漆前，对于基材表面的粗糙部分，应先用360#～400#的砂纸进行细致打磨。打磨后的粉尘应彻底清除，以免影响后续施工效果。对于嵌入木纹中的粉尘，可以利用毛刷清除，或使用微湿的清洁毛巾、布料进行吸附处理。

（6）面漆罩光是将助剂、固化剂以及稀释剂按照包装上的比例充分混合均匀后，进行涂刷。

（7）务必保持良好的通风条件。同时，在保护成品时，应避免面与面直接接触，防止漆膜相互黏结。为了有效保护漆面，可以使用塑料保护膜进行覆盖。

5.2.6 地坪涂料施工

（一）施工方法

（1）基础地面处理 对地面进行细致打磨，并利用吸尘设备彻底清除杂质，保证地面满足地坪涂料施工的质量标准。打磨的地面应具备足够的强度，且表面不应存在裂缝或油污等瑕疵（图5-45）。

（2）涂刷封闭涂料 环氧封闭漆具有很强的渗透能力，因此在涂刷底漆的过程中，需要添加适量的稀释剂。稀释后的底漆能够更深入地渗透到基层中，提高涂层与基层之间的黏结强度。若涂刷过程中出现底漆过量，应使用工具将其去除。对于局部未涂覆的区域，可使用刷子进行补涂（图5-46）。

图5-45 打磨基础地面

图5-46 涂刷环氧底漆

（3）批刮砂浆 调整地面的平整度，增强涂层的强度与厚度；同时，便于发现并修补地面缺陷，如麻面、裂缝等。

图5-47（a）中采用100～200目石英砂与环氧批刮材料混合，并经过充分搅拌。图5-47（b）中在底漆实干（25℃环境下约4h）的基础上，以两遍腻子的方式均匀批刮，修补裂缝。图5-47（c）中可使地面平整，并确保地坪具备优异的耐磨、抗压性能以及对酸碱溶液的耐受性。

（a）环氧砂浆调配

（b）修补裂缝

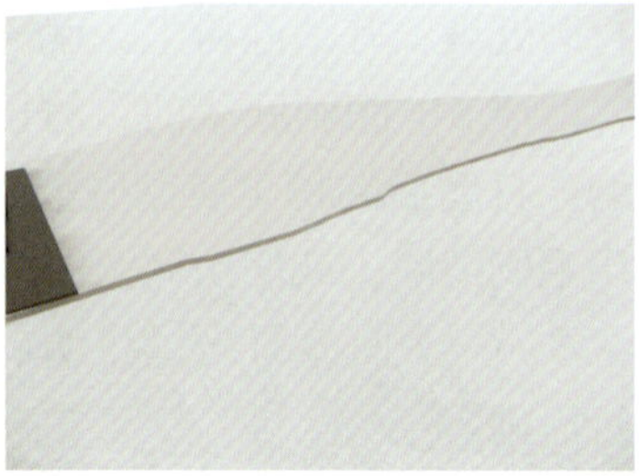

（c）平刮砂浆

图5-47　批刮砂浆层

（4）打磨中间砂浆层　待中间层干燥后，使用打磨机对砂浆层进行全面打磨，以消除表面疙瘩，并确保层面的平整度。经过打磨后，清除打磨产生的灰尘，为环氧地坪面漆层的施工创造良好条件（图5-48）。

（5）涂刷腻子层　将环氧双组分材料与适量腻子混合，刮涂腻子。用钢片刮板在干燥的砂浆层上均匀涂布，以提高地面的平整度（图5-49）。

（6）涂刷环氧地坪面漆　将环氧色漆与固化剂均匀混合后，采用辊涂方式施工。用辊筒将环氧地坪面漆均匀涂抹于平整的腻子层上，使地面光亮、耐磨（图5-50）。

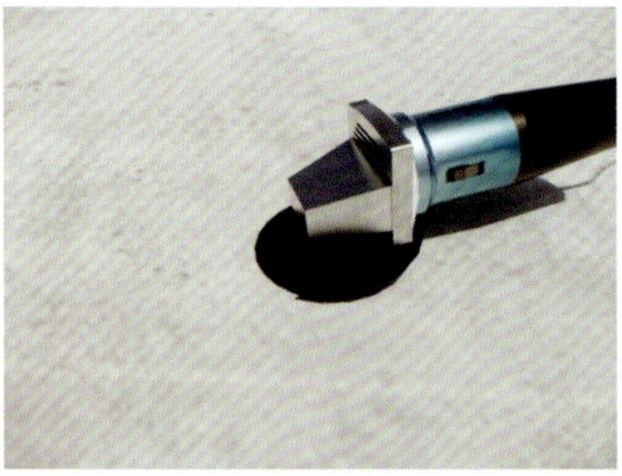

图5-48　打磨砂浆层

图5-49　刮涂腻子层

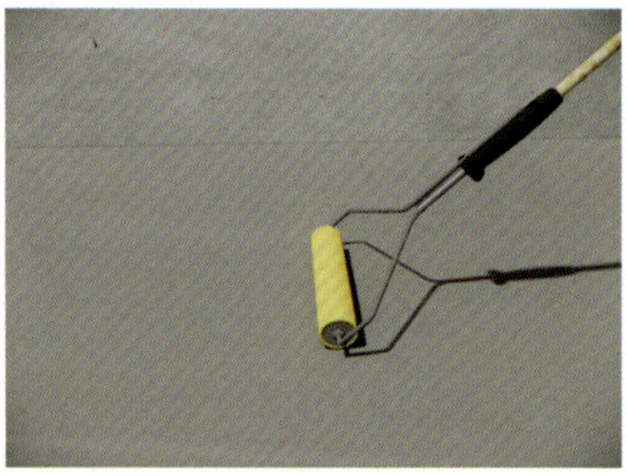

图5-50　涂刷环氧面漆

（二）施工要点

（1）施工现场的环境温度应高于5℃，相对湿度小于85%时方能施工。

（2）在施工过程中，必须保证每一遍涂层的地面都处于干燥、平坦且清洁的状态。混合材料时应充分搅拌均匀，且搅拌后的材料应在30min内完成施工，以防止材料凝固。

（3）施工人员应详尽记录施工的具体位置、时间、环境温度、相对湿度、地坪表面的处理情况以及使用的材料等详细信息，以便后续评估。

（4）涂料施工后，应立即清洗有关设备和工具。

（5）地坪涂料施工完工后，24h后才能行走踩踏。

5.2.7 防锈涂料施工

（一）施工方法

（1）基层清理 移除表面的灰砂、焊渣、油渍、浮锈及残留的旧漆皮等污染物。采用专门的除油剂或除锈剂进行处理。

（2）涂刷两遍底漆 将防锈涂料底漆均匀涂布于工件表面。

（3）涂刷两遍面漆 涂刷方法与底漆相同。

在图5-51中，依据涂料的特定液体浓度，可适量添加5%～10%的清水，并对其进行充分搅拌，使之均匀。待搅拌完毕，静置10min，以消除产生的气泡。在图5-52中，每一遍涂刷作业完成后，均应在常温条件下晾干，直至彻底干燥，此过程大约需要2h。

图5-51 防锈涂料调配

图5-52 涂刷防锈涂料底漆

（二）施工要点

（1）防锈涂料可通过涂刷或喷涂的方式进行施工。在涂装前，须对涂料进行充分搅拌，确保均匀。如遇涂料黏度过高，可适量添加清水进行稀释，但稀释水量不应超过10%。在添加过程中应持续搅拌，以维持漆液的均质性。

（2）施工时保持通风，不得在环境温度低于5℃或湿度大于70%的情况下施工。

（3）漆涂膜可通过自然干燥或低温烘烤的方式实现固化。自然干燥时，应确保环境温度不低于5℃，干燥时间至少2h。若采用低温烘烤，则温度应不低于60℃，烘烤时间不少于25min。

（4）涂装第二遍时，第一遍应干透，两遍至少间隔24h。

（5）施工完成后，应及时用清水清洗所有使用过的工具，以防止涂料干结在工具上。剩余的涂料应妥善密闭保存，如发现涂料表面有干皮，可在使用前通过100目丝网进行过滤。

5.3 现代水性涂料涂装方法

涂料施工主要集中于墙面以及顶面这类大面积的界面。施工质量的标准在于确保涂装的表面平滑且无接缝。同时，涂料应具备良好的遮盖能力，足以彻底改变基础结构的颜色。

5.3.1 乳胶涂料施工

乳胶涂料在装饰装修中的涂饰面积最大，用量也最大，是整个涂饰工程的重点。

见图5-53（a），乳胶涂料施工的初步阶段，必须对基层进行彻底清理。底漆、基层乳胶涂料以及面漆的涂抹应保持均匀一致，既不能过厚也不能过薄。乳胶涂料主要适用于室内墙面、顶面以及装饰性结构的表面，见图5-53（b）。可根据具体的设计需求进行调色处理。

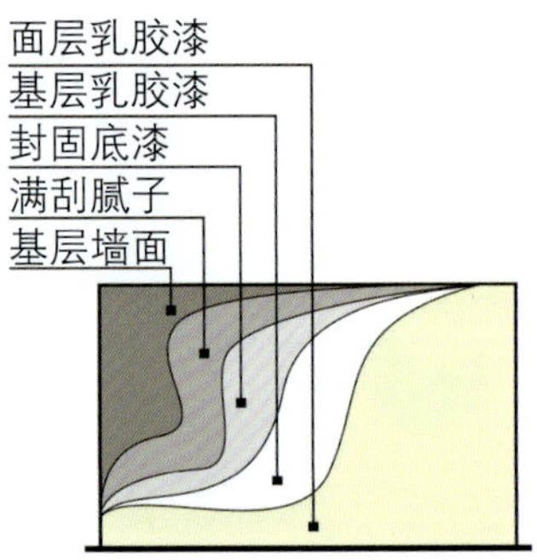

（a）乳胶涂料施工构造示意

（b）乳胶涂料应用

图5-53　乳胶涂料施工与应用

（一）施工方法

（1）对涂饰基层表面进行清理，墙面和顶面不平整的部分使用石膏粉腻子进行填补。再利用封边条对墙角和接缝处进行粘贴固定，并使用$240^{\#}$砂纸对整个界面进行打磨。

图5-54（a）中的墙面阴角与开裂处都应当预先采用白乳胶粘贴防裂带。图5-54（b）中的石膏板构造的接缝处，应当先采用石膏粉进行填补，再粘贴封边条。

（a）墙角封边

（b）石膏板吊顶封边

图5-54　粘贴封边条

（2）先对基层进行第一遍全面涂覆腻子处理，填平细小的凹陷区域。涂层干燥后，使用360#砂纸进行打磨。接着，进行全面涂覆腻子，并再次使用360#砂纸进行打磨，确保表面平整度。

（3）依据涂层特性选择合适的封固底漆。之后，对腻子层进行打磨处理。全面涂覆第一遍乳胶涂料，待涂层干燥后，再次对腻子层进行修补，并使用360#砂纸打磨，以保持表面的平滑。

（4）整体涂刷第二遍乳胶涂料，待干后采用360#砂纸打磨平整，养护。

（二）施工要点

（1）墙顶面的基层处理是关键。通过将石膏粉与水按照比例调和，制成具有一定黏度的石膏灰浆，将其均匀地涂抹于墙、顶面的线槽封闭区域，以此平整由水泥砂浆修补的线槽。封边后应当采用石膏粉再次修补并将其打磨平整（图5-55）。

（2）石膏粉修补完成后，应在石膏板接缝处粘贴宽度大于60mm的防裂胶带，遮盖缝隙（图5-56）。

图5-55 石膏粉修补

图5-56 粘贴防裂胶带

（3）木质材料与墙体之间，应采用防裂纤维网进行粘贴处理。在特定情况下，根据墙面状况，可对整面墙体进行防裂纤维网的覆盖，以增强墙体的抗裂性能。

（4）墙、顶面的腻子刮涂是基础工艺之一。目前普遍采用成品腻子与水混合，制成黏稠的腻子灰浆，全面涂刮于墙、顶面。对于已涂饰乳胶涂料的墙面，应使用360#砂纸进行打磨处理，再进行腻子刮涂。

图5-57（a）中的腻子粉调和应当均匀细腻，无结块或粉团，调和后可用铲刀与刮刀将其取出。图5-57（b）中的满刮腻子时应采用刮刀施工，并保持界面的平整度和细腻度。图5-57（c）中的阳角部位应当先粘贴护角边条，再刮涂腻子将其封闭。图5-57（d）中待腻子完全干燥后，采用砂纸打磨，打磨时应用灯光照射，检查表面平整度。

（5）腻子层应与涂料性能相匹配。优先选择成品腻子，以确保其坚固性与稳定性，防止粉化、脱落或产生裂缝。

（6）卫生间等湿润环境应采用耐水型腻子。施工前，应充分搅拌腻子，若黏度过高，可适量加水稀释；若黏度过低，可添加增稠剂调整。施工温度应高于10℃。同时，应保持室内环境清洁，避免灰尘积聚，并尽可能在非雨天进行施工。

（7）已涂抹腻子的墙顶表面，应根据平整度的实际情况进行一次或多次刮涂。对于水泥砂浆抹灰的墙面，为了达到理想的平整效果，至少应进行两次全面刮涂，直至满足相关质量标准。

（8）墙体干燥是施工的基础要求。基层处理完毕后，通常应放置10天以上以充分干燥，并使用360#砂纸进行打磨，确保表面平整。

（a）腻子调和

（b）满刮腻子

（c）增加护角

（d）打磨

图5-57　腻子施工

（9）乳胶涂料调色时，须准确计算所需各色漆的用量，并将色彩颜料均匀混合。对于小面积的局部涂饰，可以采用广告水粉颜料进行自主调色。若用量较大，则应前往指定乳胶涂料专卖店进行专业调配。

图5-58（a）中展示了最简单的调色方式，将水粉画颜料加水搅拌均匀，使其完全溶解。图5-58（b）中将颜料倒入乳胶涂料容器后，采用搅拌工具搅拌均匀。

（10）乳胶涂料的施工过程中，应综合运用涂刷、辊涂以及喷涂等多种技术手段。操作时，应保持动作的连续性和速度，确保一次性完成涂刷作业。

（11）在涂布乳胶涂料时，应保证涂层的均匀性，避免出现漏涂或涂料流挂等瑕疵。通常，涂层作业包括两次涂刷和两次打磨的过程，形成双循环施工模式。

（12）对于极端潮湿或干燥的基层表面，必须先涂上一遍乳胶涂料作为封固底漆。在涂布第二遍乳胶涂料之前，应根据现场的具体环境和乳胶涂料本身的品质，适当加入清水进行稀释。当完成第二遍乳胶涂料的涂饰后，不再进行打磨处理。此外，对于中档乳胶涂料而言，其单位用量通常介于12～18m²/L。

图5-59（a）中，在墙面底部预先涂刷彩色乳胶涂料，以评估色彩的实际呈现效果。此过程便于对色彩进行实时调整。图5-59（b）中，使用辊筒对墙面进行均匀涂布。应注意墙顶面的边缘区域应保持未涂状态，防止彩色乳胶涂料溢出至顶面。图5-59（c）中的边角部位采用板刷涂刷，严格控制涂刷面积，避免沾染至其他部位。图5-59（d）中，待完成乳胶涂料的涂饰工作后，应立即封闭门窗，使乳胶涂料自然缓慢干燥，确保施工质量。

（a）颜料稀释

（b）乳胶涂料搅拌

图5-58　乳胶涂料调色

（a）试涂

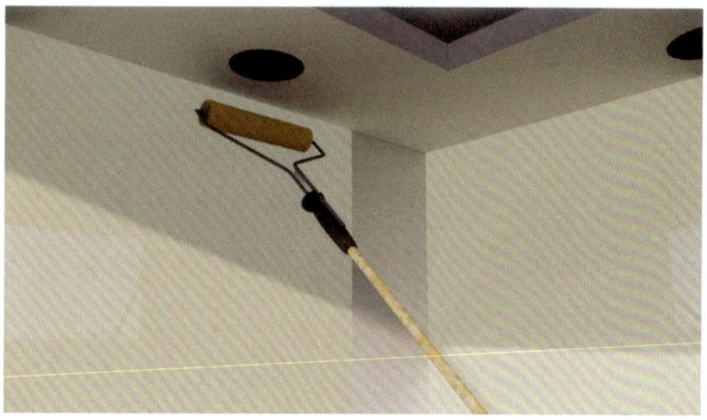

（b）乳胶涂料滚涂

（c）边角涂刷

（d）乳胶涂料涂饰完成

图5-59　乳胶涂料涂刷

5.3.2 真石涂料施工

真石涂料又称真石漆，原本主要用于建筑外墙的装饰，但近年来也开始应用于室内背景墙的局部涂装。真石漆的施工采用喷涂技术，这一过程需要配备空气压缩机、喷枪以及不同规格的喷嘴等设备。

（一）施工方法

（1）清理涂饰基层表面，具体施工方法与上述乳胶涂料涂饰方法一致。

（2）满刮腻子后对墙面进行毛面处理，待腻子干燥至50%时，用刮板在墙面压出凸凹面。

（3）根据界面特性选择涂刷封固底漆，复补腻子，整体喷涂第一遍真石漆。

（4）待干后再喷涂第二遍真石漆，随后采用360#砂纸打磨平整，并喷涂两遍清漆罩光，养护7天。

（二）施工要点

（1）墙面基层的处理应与乳胶涂料的施工标准保持一致。为了提高真石漆的附着力，应对涂刮后的界面进行粗糙化处理。此过程可通过使用预先成型的凸凹刮板，或是在腻子未全干状态下，将刮板平压其表面后迅速提离，从而形成明显的表面凹凸结构。

（2）真石漆包装打开后，必须进行彻底的搅拌，确保涂料混合均匀，搅拌时间不应短于5min。搅拌完成后，应立即将混合好的涂料转移至喷枪的储存容器中，以备喷涂使用。

（3）真石漆施工前，应先涂覆一遍封固底漆，干燥至少12h后再进行施工。封固底漆优先考虑与真石漆相配套的产品，若无配套产品，可选用乳胶涂料的封固底漆作为替代品。

（4）真石漆施工应采用专为真石漆设计的喷枪。施工环境的温度不应低于10℃，而喷涂的漆层厚度宜控制在2～3mm。如果需要喷涂2遍或3遍，应间隔2h，并在最后一遍喷涂后等待24h，确保漆层完全干燥，然后才能进行打磨工序。

图5-60中，施工前应在涂装界面的基层上均匀涂抹腻子，并施以封闭底漆，确保墙面基层的干燥及适当的粗糙度。图5-61中，将调和后的真石漆注入喷漆储罐，并在喷涂时保持与墙面约500mm的距离。

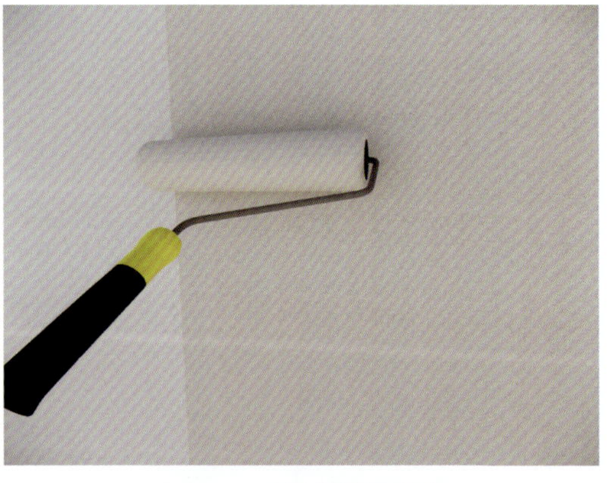

图5-60 滚涂封闭底漆

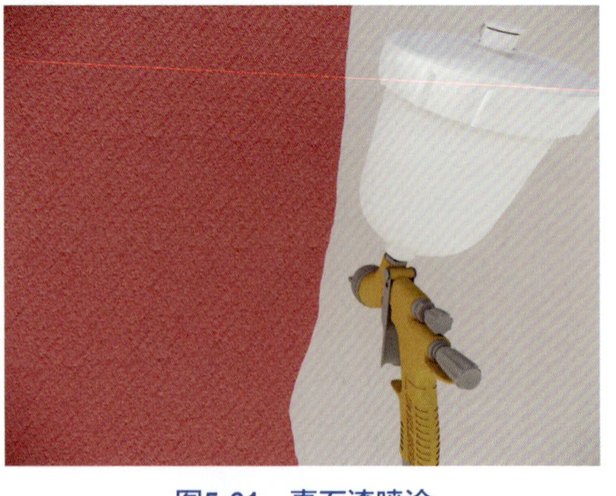

图5-61 真石漆喷涂

（5）真石漆质地较为浓稠，喷涂过程中可能会出现挂流状况。可在墙面上预设横向伸缩缝，缝的深度和宽度控制在5～10mm之间，且伸缩缝之间的距离应小于800mm。这样的设计不仅有助于避免挂流，也能有效防止墙面施工后出现裂纹。

（6）采用400#～600#砂纸对漆面进行打磨，以细致地抹平突出的砂粒。必须谨慎施力，避免用力过猛，防止对漆膜造成损伤，进而引发底层松动或附着力下降，严重者可能导致真石漆剥落。

（7）真石漆不适宜用于顶面喷涂，原因在于易导致挂流或漆膜脱落。在喷涂清漆时，应选择聚酯清漆或水性清漆，并通常应进行两遍喷涂，每次喷涂间隔约2h。漆膜的完全干燥大约需要7天时间。

图5-62（a）中待真石漆完全干燥后，用砂纸将表面打磨平整。图5-62（b）中的真石漆打磨后涂刷面漆，将表面的粗糙颗粒封闭住，不让其任意脱落。

（a）打磨

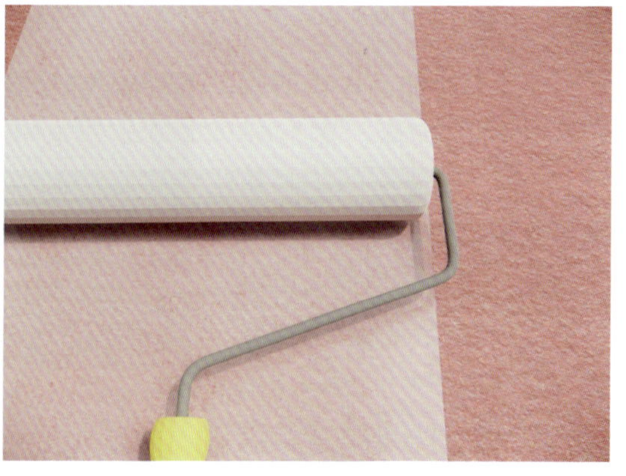

（b）涂刷面漆

图5-62 真石涂料涂饰效果

5.3.3 岩片涂料施工

（一）施工方法

（1）待涂装的墙面，其底层应确保光滑、无污染，避免油渍、尘埃等异物的干扰。基层条件对涂装效果具有直接影响，因此在装修准备工作阶段，必须对基面进行彻底的检查与确认。新建墙体须经过一段时间的充分养护以使其干燥；对于表面剥落的旧墙体，则应进行底层重新批刮。

（2）腻子包括两次刮涂，且两次操作之间应预留充足的时间，以便第一层腻子彻底干燥。在此之后，再进行第二层刮涂。

（3）底漆能在腻子层上形成均匀的涂膜。该涂膜的乳液颗粒细小，能迅速渗透至基层及腻子层中，形成坚固的防护层。

（4）依据设计规范，在墙面上精确地划设水平线，并准确测量尺寸。

图5-63中，待第二遍腻子干燥后，利用合适规格的砂纸进行打磨，确保表面平滑，并清理残余的尘埃。图5-64中的底漆有效抵御了酸性、碱性、水分、油脂等外界因素的侵害，并且防止了基层或腻子层中霉菌的生长，确保了外墙装饰的整体效果。图5-65中，利用墨盒弹线技术进行定位，并在所弹线条上贴上分格纸胶带以提供保护。

图5-63　打磨腻子

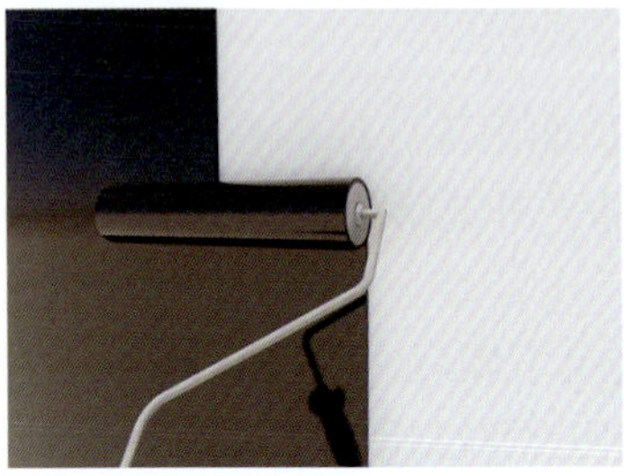

图5-64　涂刷底漆

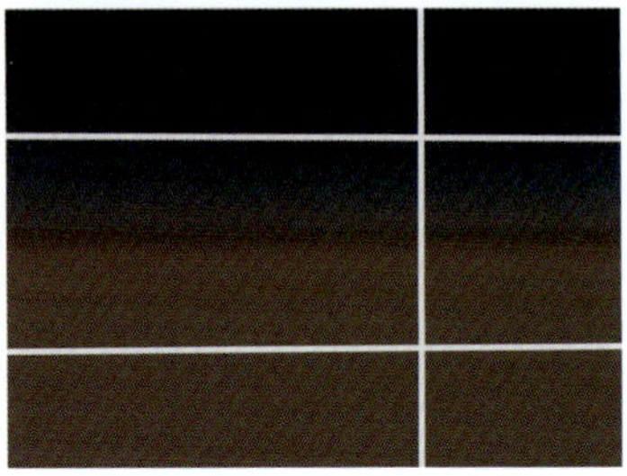

图5-65　定位分格

（5）对墙面进行两遍岩片涂料的喷涂。图5-66（a）中，以墙面的阴阳角及水落管为界限，先进行一次薄涂，待其干燥后，再进行第二次喷涂。为确保墙面色泽与厚度统一，应选用相同批号的岩片涂料，喷涂均匀。图5-66（b）中的喷涂作业完成后，立即移除分格纸胶带，并允许其自然干燥24h。

（a）喷涂涂料　（b）撕开胶带

图5-66　喷涂岩片涂料

（6）待岩片涂料完全干燥后，使用0#砂纸对涂料表面进行细致打磨，以消除砂料凸起和尖角，辊涂罩光面漆。

图5-67　打磨岩片涂料

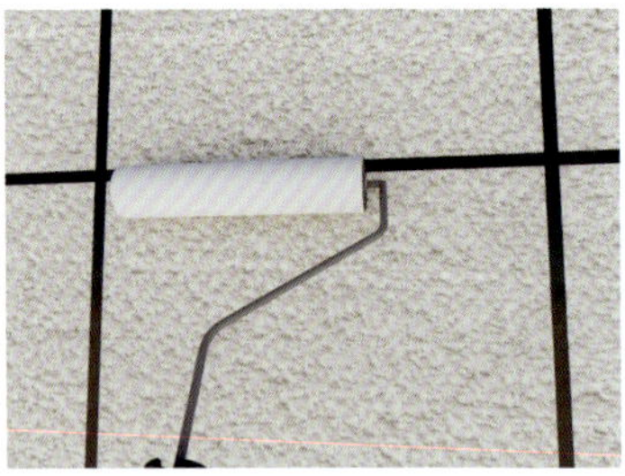

图5-68　涂刷罩面漆

图5-67中对表面锐利的颗粒进行磨平处理，并细致处理边缘，以提升整体的美观度。图5-68中来回均匀辊涂罩光面漆两遍。

（二）施工要点

（1）针对基体表面的缺陷，如凹凸不平或孔洞，应采用水泥砂浆进行修复。若墙面出现空鼓，则须铲除相应部位，清理彻底后，对基层进行重做及修补，干燥后使用砂纸进行平整处理。

（2）在进行腻子施工时，利用抹子、刮板等工具，遵循自上而下的批刮原则。注意每层腻子的厚度不宜过度；同时，避免频繁往返刮涂，以免造成卷皮或龟裂。外墙腻子的涂覆厚度应控制在0.5～1.0mm，操作时保持工具的倾斜角度和均匀施力，以确保腻子的密实度。

（3）外墙涂料的品质在很大程度上取决于底漆的抗碱性和封闭性。因此，底漆的辊涂作业必须确保无遗漏。底漆上墙后，可能会暴露出之前未发现的腻子层问题，如打磨痕迹等，此时应进行局部修补、打磨，并再次涂抹底漆。

（4）岩片涂料通过喷涂方法施加，确保喷枪口与墙面保持垂直，且喷距控制在300～500mm。涂层总厚度应维持在3～5mm，完成喷涂后应静置24h使其干燥。

（5）若涂料表面因外界因素导致损伤或颜色褪色，应对受损区域进行修补，确保其平整后，再按照前述工艺流程继续施工。特别注意，修补的收口位置应位于分格缝或阴阳角；同时，对其他已完成施工的成品应采取严格的保护措施。

5.3.4 艺术涂料施工

（一）施工方法

（1）基层处理。在涂抹腻子之前，必须彻底清除基底上的疏松、脱落、空鼓和粉化层，并去除灰尘、油污等杂质。依据高品质内墙涂料的施工标准，打造腻子底层，以确保基底具有良好的密实度和强度。腻子干燥后，使用砂纸进行打磨，使其表面平整。

（2）调配艺术涂料。按照比例调配出适合的中涂色漆，在处理好干透的基层墙面上涂刷专用抗碱底漆两遍。然后用辊筒将中涂色漆均匀涂刷在施工墙面上。

（3）当涂色漆干燥后，应取出适量精细钻石粉末，与适量的水混合后，均匀地拌入面漆之中。可采用无序的交叉涂抹技巧。

图5-69中，调配色漆时，必须严格遵循预定的配料比准则。具体操作时，应将粉末状原料逐渐搅拌并加入液体原料中，直至形成一种无颗粒、均匀细腻的混合物。图5-70中，将调好的面漆均匀施加于墙体表面，同时注意维持边缘的不规则形态，以增强艺术感。

图5-69 调配色漆

图5-70 涂刷艺术涂料

（二）施工要点

（1）为使艺术涂料表面呈现出凹凸质感，对底层的平整度提出了较高要求。施工者应增加打磨的次数，提升打磨的精细度，从而确保基底的坚实与平滑，为后续工序奠定良好的基础。

（2）在艺术面漆的涂刷过程中，施工者可选择多种不同的涂刷方法。例如，运用天然海藻或图案辊筒等工具，在已打好底色的墙面上轻触点缀，以创造出层次丰富的幻彩效果。

5.3.5 硅藻涂料施工

硅藻涂料，作为墙面装饰的新型材料，其涂饰后的墙面具有一定弹性；同时，它具备多样的肌理和色彩效果。此外，该材料还能够吸附装修过程中产生的异味，因而被归类为一种绿色环保材料。

（一）施工方法

（1）应对涂饰基层表面进行彻底清理，清理步骤与传统的乳胶涂料涂饰方法相同。

（2）对墙面进行全面的腻子涂抹，并进行毛面处理。在腻子半干状态下，即干燥程度达到50%时，使用刮板在墙面上创造出凹凸有致的纹理。

（3）选择合适的封固底漆涂刷，应根据墙面的界面特性来决定。随后，对腻子进行复补，并按照比例将水加入硅藻涂料中，进行充分搅拌调和。

（4）将调好的硅藻涂料均匀涂抹于墙面，使用辊筒和刮板将其刮平，完成涂饰后，应进行为期7天的养护。

图5-71（a）中的硅藻涂料与水的比例应当严格根据产品的说明书进行配制，搅拌应均匀。图5-71（b）中的搅拌后的硅藻泥应当均匀、黏稠，无粉团与结块，有较强的黏性。

（a）调和硅藻涂料　　（b）搅拌后静置状态

图5-71　硅藻涂料配置

（二）施工要点

（1）在完成最后一遍腻子的涂刮作业后，墙面基层的处理应与乳胶涂料施工相吻合。为增强硅藻涂料的吸附能力，必须对涂刮后的表面进行糙化处理。该处理可通过使用预制的凸凹刮板来实现，或者在腻子未全干时，将刮板轻压于表面并迅速提起，以此制造出显著的凹凸质感。

（2）在硅藻涂料施工之前，必须先涂上一遍封固底漆，干燥时间不少于12h。所选用的封固底漆应与硅藻涂料形成配套。若缺乏配套产品，可以考虑使用乳胶涂料的封固底漆作为替代品。

（3）开启硅藻涂料包装后，按照产品说明加入适量的水，搅拌均匀。加水量应严格按照说明书的推荐量一次性加入，且搅拌时间不应少于10min。搅拌完成后应立即进行涂抹作业，以防因延误而导致涂料过早干燥。

（4）硅藻涂料具有质地轻盈的特点。为预防墙面底层出现裂隙及阳角部位受损，可在涂抹腻子之前，全面铺设防裂纤维网以加固结构。此外，在阳角位置预先安设保护边条，可进一步增强防裂效果，避免施工后墙面出现裂损现象。

（5）涂抹硅藻涂料时应使用制造商提供的专业工具，包括辊筒和刮板。首次辊涂的厚度通常控制在5mm以内，待涂层彻底干燥后再进行第二遍辊涂，此时第二遍的厚度应低于5mm。

（6）可根据设计需求，利用刮板进行操作，但要避免过度施压，以防涂料局部脱落。完成刮涂后，应及时对任何残缺或不均匀的部分进行修补，以确保整体效果的和谐统一。

图5-72中的界面阳角处应预先安置保护边条，随后使用硅藻泥对表面进行封闭处理。图5-73中将硅藻涂料均匀涂布于整个墙面，在涂料半干状态下，利用成型刮板在墙面上塑造所需的图案及肌理。

图5-72　涂刷修饰护角

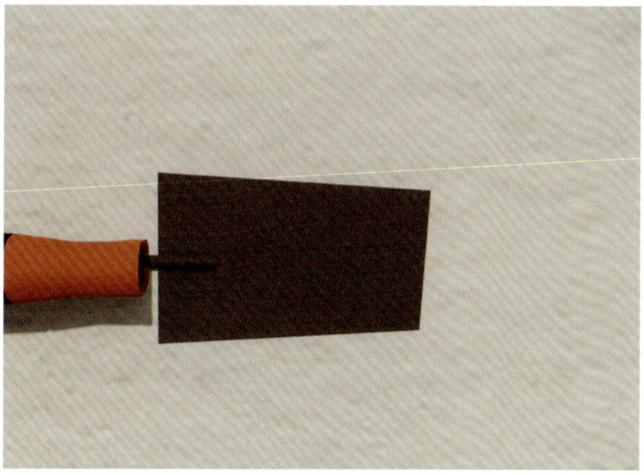

图5-73　满刮墙面

硅藻涂料施工完毕后，不必额外涂饰罩面漆，干燥约需7天。这一过程中为了确保基层与表面的同步干燥，可喷水以保持润湿。该涂料不宜用于顶面喷涂，因为这样容易导致涂料流挂（即漆液向下流淌）或剥落。

图5-74（a）中，在干燥期间应使用喷壶定期将清水均匀喷洒在墙上，以维持墙面的湿润状态，促进内外同步干燥。必须细致检查墙面的边角部分，并进行必要的修饰和清理工作，以保障整体施工质量。硅藻涂料涂饰完成效果如图5-74（b）所示。

（a）湿水养护　　（b）硅藻涂料涂饰完成效果

图5-74　湿水养护与涂刷效果

5.3.6　防火涂料施工

针对不同的被保护物和不同的防火涂料，应该采用适宜的涂装方法和设备，以获得最佳的涂膜质量。只有根据基材的不同选用不同的涂料和施工工艺，才能获得最佳的效果。

图5-75　调制防火涂料

（一）施工方法

（1）在涂装施工前，务必彻底清除基材表面的铁锈、油渍、尘埃等杂质，确保基层无损伤且处于干燥状态。

（2）应调配出颜色完全一致的防火涂料，并在使用前进行充分搅拌，以确保涂料色泽均匀一致。

（3）涂装作业主要采用油刷或辊筒涂刷的方式。对于大面积的基材处理，则推荐使用喷涂技术以提高效率。

图5-76　喷涂防火涂料

图5-75中的防火涂料多为水性涂料，加水后搅拌均匀，不产生粉团与结块。图5-76中的喷涂施工吸附力最佳，能让防火涂料与材料界面充分黏结。

（二）施工要点

（1）涂料在应用时应及时调配，调配后的混合物不宜长时间放置，特别是在气候炎热时，其存放时间应进一步缩短。长期存放可能导致涂层黏结性能下降，进而对施工质量产生不利影响。

（2）在喷涂过程中，操作者应均衡控制喷涂的压力、速度和距离，以确保涂层的均匀厚度。涂层的理想厚度应依据材料特性进行调整，通常应控制在3～5mm范围内，以防涂层过厚引起的水分不均和引起涂层问题。

（3）由于喷涂设备和操作技术的影响，喷涂表面可能出现局部厚度不均或平整度不足的情况。因此，在基层喷涂完成后，应对表面进行检查，并对不平整之处进行适当的补平。

5.3.7　防水涂料施工

室内防水施工主要用于厨房、浴室及阳台等频繁暴露于水分的区域。关键施工部位是地面及墙面，这些表面容易吸附水分。目前市场上室内防水材料种类繁多，其中以聚氨酯和硅橡胶防水涂料更为常见，这两种材料在防水性能及耐用性方面表现突出。

图5-77（a）中的聚氨酯防水涂料以其优良成膜性能和显著的防水效果而备受青睐，施工后所需等待的时间较短。然而，该材料挥发性强，散发出难闻气味，还对环境产生一定程度的污染。图5-77（b）中的硅橡胶防水涂料在应用时应与水泥粉末混合，混合比例必须精确控制。该材料虽没有刺鼻气味，但干燥时间较长，且对施工技术提出了更高要求。

（a）聚氨酯防水涂料　（b）硅橡胶防水涂料

图5-77　防水涂料施工

（一）施工方法

（1）对厨房、卫生间、阳台等关键区域墙面及地面进行全面清洁，确保其表面平滑且结构稳固。对于存在不平整或裂缝的部分，使用1∶2比例的水泥砂浆进行修补。同时，对防水施工面进行洒水湿润处理，以增强附着力。

（2）选取高品质的防水浆料，依据产品说明书的指导，与水泥按照既定比例混合，并确保混合均匀。混合完成后，需静置至少20min，以利于其充分反应。

图5-78中拆除原有防水层，对即将涂刷防水涂料的部位进行基层处理。图5-79中的防水涂料在调配使用时，应按照包装说明进行调配，充分反应后使用。

图5-78　基层界面处理

图5-79　防水涂料

（3）分层涂抹地面与墙面。依据不同种类的防水涂料特性，通常需要涂刷2层或3层，确保涂层均匀分布。每层涂覆间隔应超过12h，且以涂层干透但黏性不强为标准，整体涂覆厚度应控制在约2mm。

图5-80（a）中的受损边缘区域应细致涂抹修复涂料于受损的角落部位，确保其完全干燥后，再对其进行均匀涂覆。图5-80（b）中，在进行防水涂料的施工时，应对构造边缘进行加强处理，以确保防水层适当增厚。

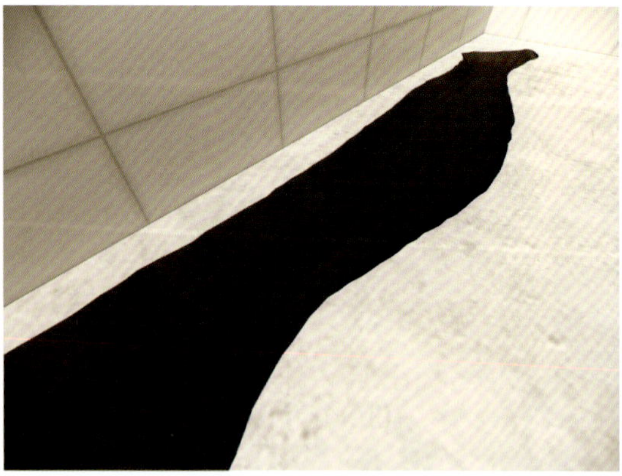

（a）涂刷破损部位

（b）涂刷排水管底部

图5-80　涂刷防水涂料

（4）须经过认真检查，局部填补转角部位或用水率较高的部位，待干。

（5）使用素水泥浆将整个防水层涂刷一遍，待干。

（6）通过封闭灌水的方法实施渗漏检测。在48h观察期内，若无渗漏现象发生，即可认为防水处理合格，进而开展后续的施工步骤。

（二）施工要点

（1）在涂抹防水材料时，应使用硬质刷具。材料的配料比与施工时间应遵循各产品说明书中的规范严格执行，以确保涂层的完整性，避免出现裂缝、翘边、气泡或分层等缺陷。

图5-81（a）中，卫生间回填后应重新进行防水涂料的涂覆作业，其中墙面涂覆的高度应不低于300mm。图5-81（b）中，对排水管周围进行至少三遍的防水涂料涂覆，以预防裂缝的产生。

（a）整体涂刷

（b）排水管边缘涂刷

图5-81 涂刷防水涂料

（2）与浴缸、洗面盆紧密相邻的墙体，其防水涂层的涂布高度应超过浴缸及洗面盆上缘至少300mm。与卧室相邻的卫生间隔墙，必须对整个墙面进行一次性的防水浆料涂刷处理。在经济条件允许的情况下，应当将防水层延伸至顶部，以有效防止湿气向室内扩散。

（3）在厨房、卫生间以及阳台等区域的防水施工中，除地面全部涂覆外，墙体的防水层高度应不低于300mm。特别是在卫生间淋浴区域，其防水层的涂刷高度应超过1800mm。

（4）在涂覆防水浆料之后，必须实施为期48h的闭水试验，以确保无渗漏现象出现。

图5-82中的卫生间淋浴区的墙面防水处理，其涂刷高度应不低于1800mm，且涂布宽度每侧至少1200mm。图5-83中待完成防水涂料施工后，应进行48h的湿水浸泡试验，并检查楼下是否有漏水或渗水的情况。

（5）在卫生间二次装修中，针对地砖更换，应先将旧砖凿除，然后利用水泥砂浆对地面进行平整，避免因防水涂料涂布不均而引发渗漏。

（6）卫生间墙地面的接缝及管道与地面的接口，是渗漏频发的区域，必须确保涂料的均匀涂抹。

图5-82　淋浴区墙面涂刷

图5-83　涂刷完毕试水

5.3.8　防霉涂料施工

（一）施工方法

（1）清除表面的杂质，包括油污、泥土和松散物质，并对损坏的旧涂层进行去除。使用外墙弹性腻子对基面缺陷进行修补，并经过干燥和打磨、清除浮灰后涂刷底漆。

（2）待底漆干燥12h后，应涂装两遍防霉涂料面漆。

图5-84中，在基面上涂刷第一遍防霉底漆，待干燥后再涂第二遍，以提升防霉性能。如图5-85所示，涂刷面漆，底漆与面漆两次涂装的间隔时间应为4～8h。

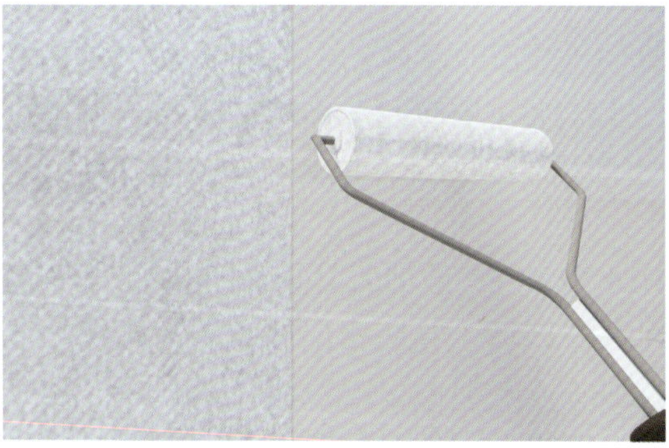

图5-84　涂刷底漆

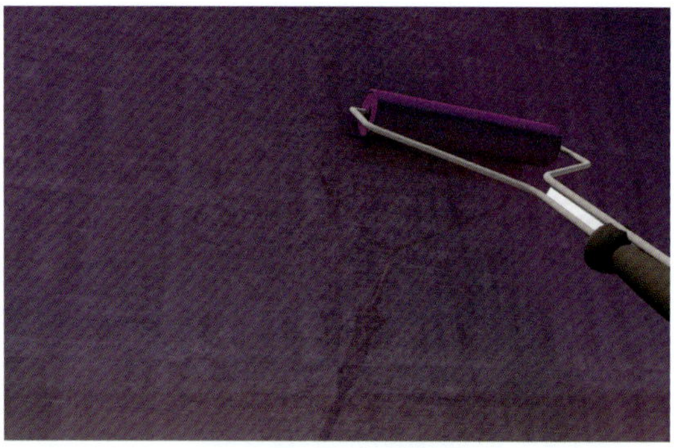

图5-85　涂刷面漆

（二）施工要点

（1）应依据实际工作量准确调配防霉涂料的用量，并在开启后4h内搅拌至均匀状态以备使用。该面漆为单组分产品，使用前应搅拌均匀，并依据施工要求，适当添加专用溶剂以调整黏度。

（2）均匀涂刷，避免出现漏涂或涂层过厚导致的流挂现象。在底漆完全干燥之后，如有必要，可对局部区域进行腻子修补，并在腻子干燥后进行打磨处理，再涂刷一遍底漆以保持一致性。

（3）采取上下刷动的手法，确保辊筒或板刷紧密相连，防止时间间隔过长导致接头明显。在进行大面积涂装时，应配备充足的人员，确保涂装工作的连续性和协调性。

5.3.9 固化涂料施工

（1）墙固涂料 墙固涂料具有卓越的渗透性，能够充分浸入墙体基层材料表面。通过其胶联作用，墙体基层得以变得更加密实，进而显著提升界面附着力，增强灰浆或腻子与墙体表面的黏结强度，有效预防空鼓现象的发生。该材料特别适合在砖混墙面抹灰或批刮腻子之前，对基层进行密实处理。

在施工墙固涂料之前，必须确保基层表面的坚实度，清除浮灰和油渍等杂物。将墙固涂料按照20%～30%的比例与水稀释后，采用辊筒均匀涂刷墙面两遍。

图5-86（a）中，调配墙固涂料时应充分搅拌均匀，在施工过程中随时用辊筒搅拌，防止沉淀。图5-86（b）中，涂刷墙固涂料时应关注墙体与地面的边角处，应反复在墙角涂刷，形成较厚的膜层。

（a）调配墙固涂料

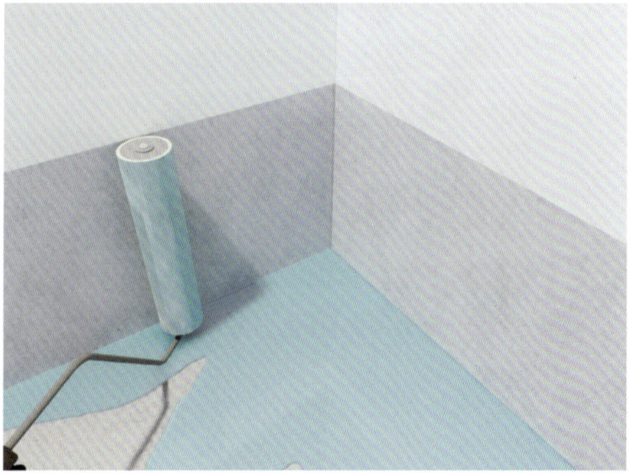

（b）涂刷墙固涂料

图5-86 涂刷墙固涂料

（2）地固涂料 地固涂料是一种专用于水泥地面的特殊涂料，常用于建筑工程初期，对水泥地面进行封闭处理。此外，它还能够有效避免木地板因受潮而发生的侵蚀变形。

施工地固涂料时，首先要彻底清扫水泥地面，随后洒上少量清水以湿润地面。将调配好的地固涂料均匀涂刷在地面上，第一遍涂刷后应间隔1h再进行第二遍涂刷。通常情况下，涂料完全干燥大约需要8h的时间。

图5-87（a）中，采用铲刀铲除地面凸出物，主要包括石膏粉团、水泥砂浆疙瘩等。图5-87（b）中，用扫帚将地面灰尘清扫干净。图5-87（c）中，调和地固涂料时应充分搅拌均匀，防止出现粉团与结块。图5-87（d）中，用辊筒对地面进行辊涂两遍处理。

（a）铲除地面凸出物

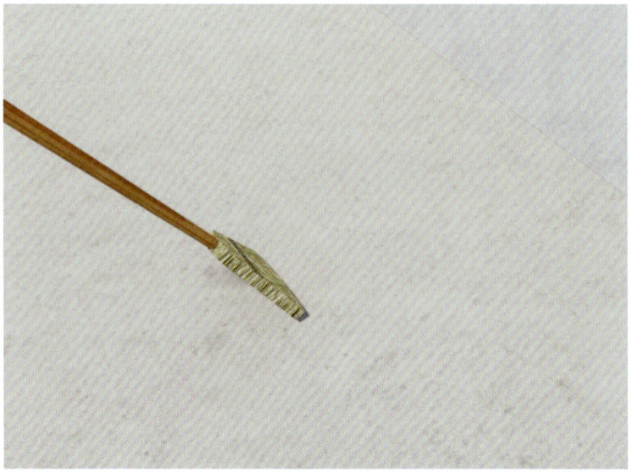

（b）清理地面

（c）调和地固涂料

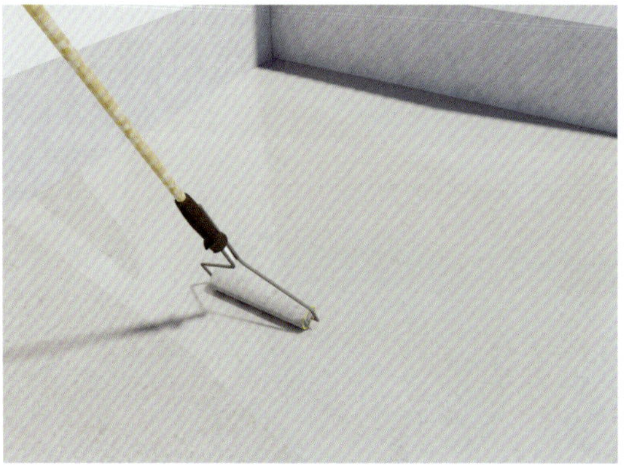

（d）涂刷地面

图5-87　涂刷地固涂料

5.4 壁纸涂装方法

壁纸作为一种高端墙面装饰材料，其铺装工艺对施工人员的技术能力提出了较高要求，不仅需要施工人员拥有丰富的施工经验，而且对施工质量有着严苛的标准，如应确保表面平整、接缝无缝。

5.4.1　普通壁纸施工

传统的壁纸类型，包括纸质、塑料以及纤维壁纸等，它们的底层通常由纸浆构成，与专用壁纸胶结合后，能实现良好的粘贴效果。壁纸的铺贴过程复杂，成本较高，因此施工过程中应持谨慎态度。

应根据图5-88（a）中壁纸包装标识选择并调整施工方式。图5-88（b）中展示了常规壁纸铺装构造。常规壁纸铺装对基层的要求是绝对平整、干燥。

（一）施工方法

（1）首先进行基层表面的清理工作，对墙面及顶面不平整的部分使用石膏粉腻子进行修补。随后，利用240#砂纸对处理过的表面进行打磨，以实现平滑的界面。

（2）接着对基层表面进行第一遍腻子的全面涂抹，以填补细微的凹陷，待腻子干燥后，使用360#砂纸进行打磨，确保表面平整。随后，再次涂抹第二遍腻子，并继续使用360#砂纸打磨至平整。最后，在壁纸粘贴的界面上涂刷封固底漆，并对腻子进行再次打磨，使其平滑。

（3）在墙面上标记定位线，随后展开壁纸以检查其花纹和接缝，并根据需要进行裁切。设计出合适的粘贴方案后，使用专用的壁纸胶对壁纸和墙面进行涂刷，并确保在粘贴过程中对齐。

（4）施工过程中应特别注意消除壁纸上的气泡，并严格处理对花与拼接缝。清除多余的壁纸胶并保持墙面清洁，随后进行为期7天的修整与养护。

（二）施工要点

（1）基层清洁、平整且光滑，均匀涂布防潮涂料，涂层厚度不宜过大，墙面基层的含水率理想状态下应控制在8%以下。使用2m长的水平尺对墙面平整度进行检查，高低差异不超过2mm。

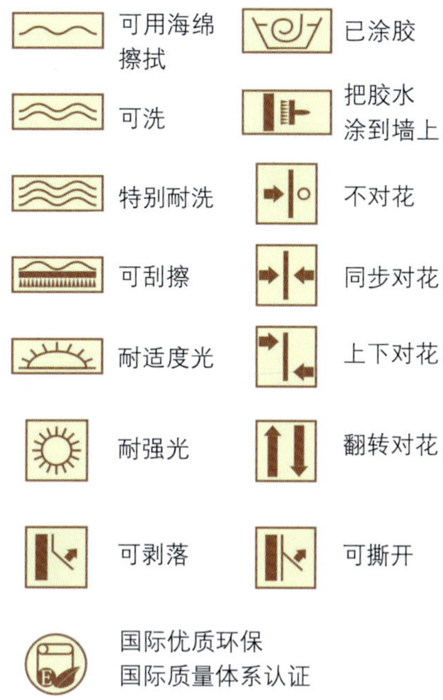

（a）壁纸包装标识

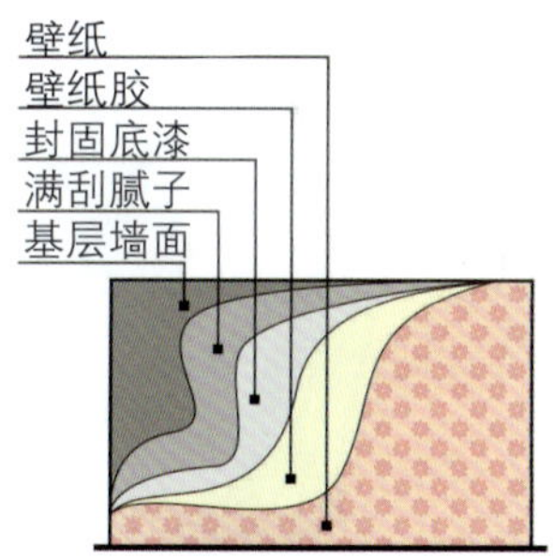

（b）常规壁纸铺装构造示意

图5-88　壁纸构造

（2）对于混凝土或抹灰基层的墙面，应彻底清理表面，包括但不限于裂缝和凹凸不平之处。然后采用腻子进行找平处理，并在整个墙面上均匀涂抹，之后进行打磨，以实现表面平整。

（3）应依据具体需求确定刮涂腻子的次数。木质基层，必须进行精细刨平处理，表面无毛刺及凸出钉头。接缝和钉头部位，应先用腻子进行局部填补，再进行全面刮涂，并打磨平整。

（4）石膏板基层的板材接缝用嵌缝腻子处理，并用防裂带进行牢固粘贴，再进行腻子的刮涂。底漆的封固应选择与壁纸胶相匹配的产品，只需要涂刷1次，但应确保无遗漏之处。湿度较大的环境，为预防壁纸因受潮而剥落，可额外涂覆1层防潮涂料。

（5）调配壁纸胶时必须严格遵循产品说明书中的指示进行。涂抹壁纸胶时，推荐使用专业的壁纸涂胶器。此外，加热后的壁纸胶能够实现更加均匀的涂抹效果。

图5-89（a）中的封闭底漆应当采用与壁纸相配套的专用产品，并使用辊筒均匀涂覆，等其干燥。图5-89（b）中的壁纸胶种类多样，调配时仅需按照比例加入水，具体比例应遵循产品包装上的说明进行。图5-89（c）中，调配完成后，将壁纸胶静置10min，随后均匀倒入涂胶器中。图5-89（d）中，将壁纸以匀速进行逐步推拉，壁纸胶便能够均匀涂抹至壁纸背面。

（a）辊涂封闭底漆

（b）调配壁纸胶

（c）倒入涂胶器

（d）壁纸涂胶

图5-89　涂刷壁纸胶

（6）粘贴壁纸前，必须先弹好垂直与水平参考线，以确保拼缝时图案能够准确对接。首先比对壁纸图案，随后进行拼接，保证壁纸或壁布的横向与纵向平整，图案准确无误。避免在阳角处进行拼缝，且壁纸应超出阳角至少50mm。

（7）涂胶后的壁纸应静置3～5min，以便胶黏剂充分渗透，再将其粘贴至墙面上。粘贴过程中，应从上至下进行施工，先压实中央部分，再逐渐向四周均匀压平。注意预留开关面板、灯具等开口位置，并使用裁纸刀精心裁剪墙面设备开口部位。

图5-90（a）中，壁纸上墙时，应格外留意图案拼接的位置，确保铺贴过程中无拼接缝隙、无错位。图5-90（b）中，对齐壁纸后，应用刮板迅速将其刮平，以便及时调整任何未完全对齐的部分。图5-90（c）中，在裁剪壁纸端头多余部分时，美工刀应呈锋利状态。图5-90（d）中，在处理壁纸边角时，首先应用刮板进行对齐刮平，随后沿着构造边缘用美工刀进行裁剪。

（a）上墙对花

（b）赶压平整

（c）裁切边缘

（d）边角裁切

图5-90 铺贴壁纸

（8）由于塑料壁纸在水的作用下容易发生膨胀，所以在铺贴前应用水润湿，以促使塑料壁纸充分膨胀。纤维基材壁纸遇水不伸缩，因此不必润纸处理。复合纸壁纸与纺织纤维壁纸同样不宜润水。

（9）装饰玻璃纤维壁纸与无纺壁纸时，不宜在壁纸背面涂抹胶黏剂，应将胶黏剂直接涂于墙面基层。这是因为这类壁纸具有微孔结构，胶黏剂可能会渗透至表面，导致不美观的胶痕出现。

（10）全布艺面料壁纸的铺贴，推荐使用白乳胶，不必进行润水处理。

（11）粘贴壁纸之后，应及时排除周边的胶黏剂，无气泡残留，并及时清理溢出的胶黏剂。铺贴后应进行为期7天的修整与养护。

图5-91（a）中，用力将壁纸中的气泡挤压排出，确保图案的整齐性与美观度。图5-91（b）中，利用抹布细致地清除壁纸拼接处的多余胶黏剂，同时确保壁纸表面平整无皱。图5-91（c）中，待壁纸干燥后，对电源面板等开口位置进行精确裁剪，并使用刮板将其周边刮平，以保持整体的整洁。图5-91（d）中，待壁纸铺设完成后，应封闭门窗以进行养护，防止壁纸因快速干燥而出现脱落或起泡现象。

（a）赶压气泡　（b）清理表面

（c）裁切电源面板位置　（d）壁纸铺装完成

图5-91　壁纸修护

5.4.2　液体壁纸施工

液体壁纸是一种具有可变颜色、图案与肌理的装饰性涂料，具有独特的装饰效果和灵活的施工方法。与传统的壁纸相比，液体壁纸对施工工艺的要求相对宽松，许多业主能够依据厂商提供的相关工具与说明资料自行施工。

图5-92（a）中的液体壁纸成本较高，施工难度较大，具有高浓度的特性，所使用的涂料具备独特风貌，不仅不易受损，而且清洗方便。图5-92（b）中展示了打开包装的场景，可查看液体壁纸材料的色彩与数量。

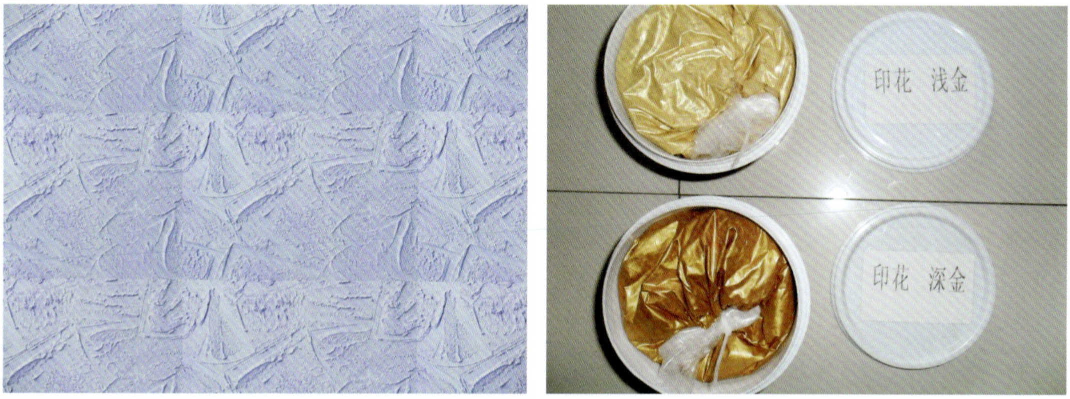

（a）液体壁纸效果　　（b）液体壁纸包装

图5-92　液体壁纸

（一）施工方法

（1）清理基层表面。墙面及顶面存在的不平整区域，应用石膏腻子进行填补，以达到预期的平整度。这一处理流程及对质量的要求，与常规壁纸施工的标准保持一致。

（2）采用涂刷或辊涂技术，将液体壁纸涂料均匀涂饰于墙面。此施工方式与乳胶涂料的涂饰流程相似，涂料涂抹后应待其干燥，并进行必要的局部修整。

图5-93（a）中，按照包装上的说明进行材料调配，搅拌均匀，调配完成后静置10min。图5-93（b）中的液体壁纸的喷涂方法与真石漆类似，应尽量保持喷涂均匀。

（a）调配涂料　　（b）底层喷涂

图5-93　液体壁纸涂料

（3）可利用厂商提供的辊涂模具，将多种色彩的液体壁纸涂料注入其中，并在墙面上进行辊涂施工。此外，也可通过印花模板，依次将不同颜色的涂料刮涂至墙面，以形成预期的图案。

图5-94（a）中的辊筒压花施工法简便易行，但在操作过程中，应特别留意压花的准确性。辊筒应匀速且缓慢移动，以防快速滚动而导致的皱褶现象出现。图5-94（b）中，使用模具将液体壁纸颜料施加于墙面时，应确保施加压力均匀有力，这样才能保证颜料能够完全渗透模板背部。同时，还需注意图案对花的准确性和接缝的整齐度，以避免出现错位。

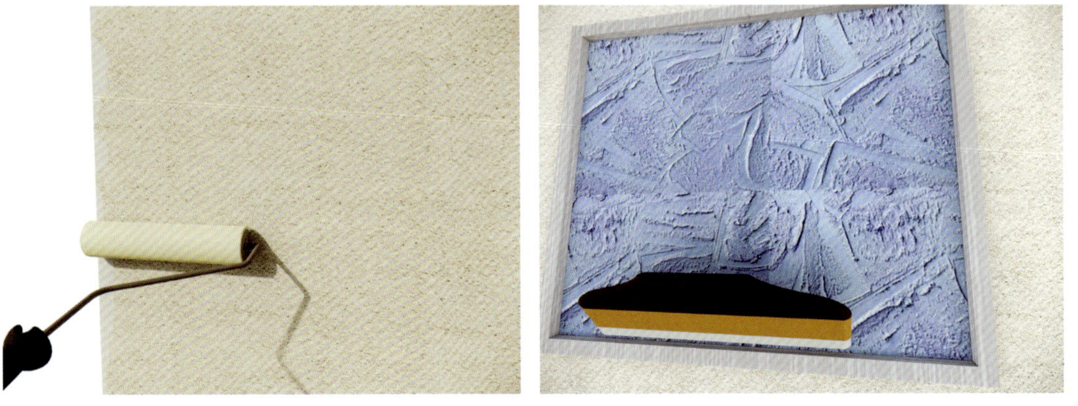

（a）辊筒压花　　（b）模具刮涂

图5-94　液体壁纸涂料施工

（4）采用尼龙刷对印花涂料进行局部修补，待干后养护7天。液体壁纸施工完成后不能进行按压操作，养护方式与乳胶涂料一致（图5-95）。

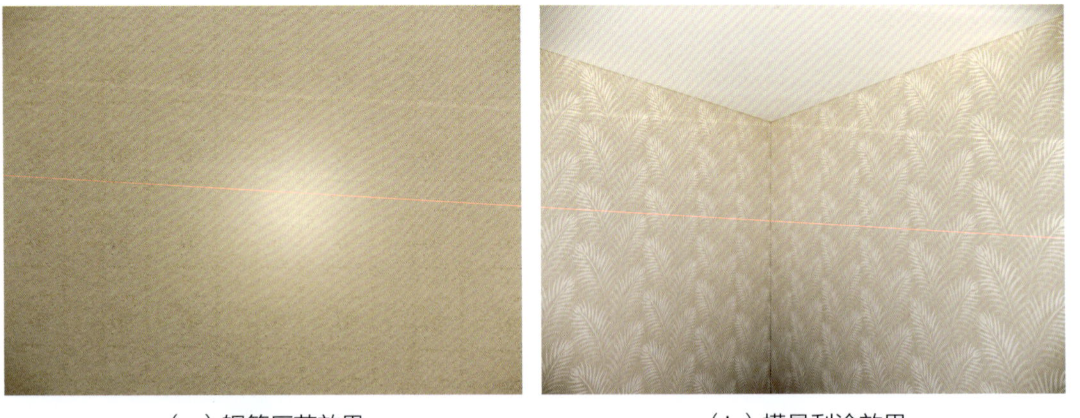

（a）辊筒压花效果　　（b）模具刮涂效果

图5-95　液体壁纸施工完成

（二）施工要点

（1）液体壁纸的基层施工方法与要点与常规壁纸一致，仍要注重墙面的平整度与清洁度。

（2）挑选液体壁纸材料时，消费者应当参照制造商所提供的样本集，同时选购相应的施工辅助工具。一些高端品牌还会提供包含施工指导和工具在内的完整套装。

（3）首次施工应采用辊涂技术，使底色涂料均匀且平整地覆盖于基底，这一过程应等待涂层彻底干透后，方可进行后续涂饰。

（4）液体壁纸在进行第二遍涂装时，所使用的材料与初次涂装基本相同，唯一的区别在于色彩。在施工过程中，应准确标识涂装区域，通常使用铅笔进行标记，并在施工结束后去除这些标记。

（5）滚花施工技术是指利用专业的滚花设备，将涂料均匀地滚印至施工界面上。需遵循自下而上、从左至右的顺序进行。同时，各接缝部位对齐，且每一段滚印的高度不超过1m。局部液体壁纸施工，可以采用压印刮涂的方法。首先将配套的模具安装在界面上，随后利用刮板将第二层涂装材料均匀地刮入模具的纹理中。刮涂材料黏稠度较高，这样可避免出现流挂现象。

（6）液体壁纸的施工方法多样，无论是采用辊涂还是刮涂的方式，施工完成后往往会出现一些不完美之处。

图5-96（a）中的辊筒的花形种类繁多，价格适中，可以根据需要挑选两三种不同的花形进行搭配使用。图5-96（b）中的模板的花形同样种类较多，但价格相对较高，用户可以根据自己的需求进行定制生产。可以使用尼龙刷进行局部的修饰工作，需要养护7天。

（a）辊筒　　（b）模板

图5-96　液体壁纸施工工具

第6章

涂饰涂装质量与防治

操作难度： ★★★☆☆

核心概念： 涂饰质量验收、涂料饰面通病、防治

章节导读： 随着新产品不断研发，各类涂料的种类也在持续丰富。在应用新型产品时，必须严格遵循其技术规范和操作说明，确保使用功能的正确发挥。此外，必须明确的是，涂料的成膜过程并非瞬间完成，而是需要一定的时间。因此，除了施工时应满足最低温度要求外，施工后的持续温度控制也至关重要。遇到气候突变等非常规状况时，应及时采取预防措施，以维护涂料品质。图6-1中的室内乳胶涂料墙面涂装追求平整光洁，让整个空间呈现出一体化且开阔的视觉效果。

图6-1　涂饰质量

6.1 涂饰涂装质量验收标准

6.1.1 现代涂饰质量验收标准

在现代涂饰涂装的质量验收过程中，验收标准包括水性、油性涂料涂饰与美术涂饰等多种类型。验收环节通常包括对施工图纸、设计说明和其他设计文件进行检查，对材料的产品合格证书、性能检测报告以及现场验收记录进行审核，并且要确保涂饰表面的基层处理达到规定的标准。

（1）水性涂料涂饰工程 水性涂料的涂饰工程包括乳液型、无机以及水溶性涂料在内的施工质量验收标准，应依据特定的检验流程和方法进行评估。水性涂料涂饰工程质量标准见表6-1。

表6-1 水性涂料涂饰工程质量标准

项目名称	涂饰质量	检验方法
基层处理	涂饰施工前，对于混凝土或抹灰的基层表面，应采用抗碱封闭底漆进行处理，以防止碱性物质的侵蚀；若为翻修的旧墙面，则应去除松散的旧装修层；在混凝土或抹灰基层上施涂乳液型涂料时，应确保基层含水率不超过10%；基层腻子表面应平整、结构牢固、不粉化、不起皮、无裂缝；在高湿度环境如厨房和卫生间，应使用耐水性的腻子	观察、手摸检查；检查施工记录
材料	涂料的种类、规格、色泽及其他性能指标均应满足既定设计标准，应用于涂饰作业的水性涂料需要确保其包含的有害成分符合国家相关环保标准	检查产品合格证书、性能检测报告与进场验收记录
施工	涂饰过程最终的色彩、光泽度及图案设计应当与设计方案一致，保证涂层均匀，具备优良的附着强度，避免出现诸如漏涂、底层渗透、表皮脱落、锈蚀及色斑、粉末剥落等缺陷	观察、手摸检查

（2）油性涂料涂饰工程 油性涂料的使用范围包括丙烯酸酯涂料、聚氨酯涂料、硅丙涂料以及醇酸、硝基和木器专用涂料等类型。油性涂料涂饰工程质量标准见表6-2。

表6-2 油性涂料涂饰工程质量标准

项目名称	涂饰质量	检验方法
基层处理	混凝土或抹灰底层应涂抹一遍抗碱性封闭底漆以增强涂层的附着力；对于翻新中的旧墙面，先去除已松动的装修层，后施用界面剂以提升新涂层的结合力；使用油性涂料对混凝土或抹灰基层进行涂装施工时，其基层的含水率不超过8%。木质基层，其含水率应控制在12%以下。所用的腻子应确保表面平滑、结构坚实且不易脱落，避免出现粉化、剥离或裂缝等问题；在厨房和卫生间等潮湿环境中，应选用具有耐水性的腻子	观察、手摸检查；检查施工记录
材料	涂料的种类、规格、色泽及其他性能指标均应满足既定设计标准	检查产品合格证书、性能检测报告与进场验收记录
施工	涂饰工程最终的色彩、光泽度及图案设计应当与设计方案一致，保证涂层均匀，具备优良的附着强度，避免出现诸如漏涂、底层渗透、表皮脱落、锈蚀及色斑、粉末剥落等缺陷	观察、手摸检查

（3）**美术涂饰工程** 美术涂饰主要为套色、滚花、仿花纹涂饰。表6-3详细列出了相关的质量验收项目及其检验方法。

表6-3 美术涂饰工程质量标准

项目名称	涂饰质量	检验方法
材料	涂料的种类、型号、色调以及性能指标均应与设计规范保持一致	检查产品合格证书、性能检测报告与进场验收记录
施工	涂饰工程应涂饰均匀，黏结牢固，无漏涂、透底、脱皮、起皮、掉粉等现象	观察、手摸检查
套色	套色涂饰图案不得移位，纹理和轮廓应清晰	观察
滚花	涂饰图案应符合设计要求，表面应洁净，不得有流坠	观察、手摸检查
仿花纹	涂饰的饰面应具有被模仿材料的纹理	观察

6.1.2 古建筑涂饰质量验收标准

在古建筑涂饰工程质量验收中，主要包括“地仗”、大漆、贴金等工程。

（1）“地仗”工程 “地仗”工程的质量验收包括油漆、彩画等。以下提供了“地仗”工程质量验收的具体项目及检验方法，见表6-4。

表6-4 “地仗”工程质量标准

<table>
<tr><th colspan="2">项目名称</th><th>质量要求</th><th>检验方法</th></tr>
<tr><td colspan="2">材料</td><td>“地仗”工程中所选用的材料，其种类、规格、品质以及色调均应与设计要求相契合，所有材料在进入施工现场前，均应经过验收程序，以确保其符合使用标准</td><td>检查材料合格证与试验报告</td></tr>
<tr><td colspan="2">施工</td><td>“地仗”材料的加工与配料比必须严格遵循既定的设计规范；基层与“地仗”之间的黏结要牢固，避免出现如脱层、空鼓、翘皮或者裂缝等结构性缺陷；确保生油能够彻底渗透，防止出现“挂甲”现象</td><td>检查施工记录。
观察、手摸、小锤轻击检查</td></tr>
<tr><td colspan="2">糊麻布</td><td>大、小面平整光滑，无砂眼，棱角应垂直平顺，细灰接茬之处应平滑无痕，整体颜色一致，不得有龟裂现象，保证表面清洁；处理线口时，直线部分直顺且宽度一致，线角部分通顺且平整，曲线应自然流畅，线肚应充实且光滑，避免出现断条</td><td rowspan="4">观察、手摸检查</td></tr>
<tr><td rowspan="2">单披灰</td><td>四道灰、三道灰</td><td>表面基本平整光滑，水缝直顺，接茬平顺，棱角整齐；花纹纹理层次清楚，边角整齐，不得积灰，纹理不乱</td></tr>
<tr><td>二道灰</td><td>表面平滑平整，棱角平顺整齐，大面无砂眼和龟裂</td></tr>
<tr><td colspan="2">修补</td><td>新旧灰的接茬处黏结牢固，各层灰之间的结合以及“地仗”灰与基层之间的黏结不存在脱层、空鼓或翘边等问题，表面处理应光滑，不得有明显的砂眼或龟裂</td></tr>
</table>

（2）大漆工程 大漆工程的应用包括生漆、广漆等多个品种，其质量验收应严格遵循设计规范。施工步骤、材料的选择均应满足设计要求。对于未提供合格证明的材料，应通过抽样检测确保其品质。

（3）贴金、扫金工程 室内外装饰的贴金、扫金工程质量标准见表6-5。

表6-5　室内外装饰的贴金、扫金工程质量标准

项目名称	质量要求	检验方法
扣罩油	扣罩油厚度均匀一致，表面光亮，无疙瘩刷纹，表面洁净	观察
贴金	粘贴牢固，无皱纹与漏贴，无明显的接缝痕迹	
扫金	厚度均匀一致，表面基本光滑平整，色泽一致，形制凸出完美	

6.1.3　古建筑彩画质量验收标准

彩绘施工所选材料应满足设计及规范要求，包括种类、规格、品质及色彩。沥粉线条应保持完整，避免出现崩裂、脱落等缺陷。涂刷过程中，应确保色彩无颗粒、透底、褪色或翘皮问题，晕色及粉质渲染应适度。色彩应保持清洁、饱满且协调一致。

（一）大木彩画工程

彩绘施工的区域广泛，包括大型与小型的枋木、平板枋木、挑檐枋木、额垫板，以及室内外多种结构元素，如梁、柱、板、枋和角梁，还有宝瓶、角云等显性装饰部位。彩画类型丰富，涵盖了传统构图风格的和玺、旋子、苏式、杂式以及新颖的彩画样式。大木彩画工程质量标准见表6-6。

表6-6　大木彩画工程质量标准

项目名称	质量要求	检验方法
沥粉线条	光滑、饱满、直顺、无刀子痕迹、疙瘩粉，主要线条无明显接头	通过拉线、敲击、尺量检查
各色线直顺度	梁枋上的五大线条和晕色大粉线条必须笔直、均匀，无搭接或错位，且棱角分明	
色彩均匀	底色、晕色、大粉、黑色等色彩均匀，足实，不透底彩，无混色现象	
局部图案整齐	枋心、盒子、箍头、卡子等图案应整齐划一，大小相等，风格和谐，色彩鲜明，笔触准确，线条流畅	
洁净度	洁净，无脏污及明显修补痕迹	
艺术形象	形象逼真、生动传神，能够充分体现主题；构图应具有灵活性，层次清晰，避免色彩混染或跳色	

（二）椽头彩画工程

椽头彩画包括檐椽、飞头、翼角以及翘飞端面与底面的装饰工程。椽头彩画工程质量标准见表6-7。

表6-7 椽头彩画工程质量标准

项目名称	质量要求	检验方法
沥粉	线条绘制宜横平竖直、流畅顺滑，且线条饱满，搭接自然，平行线条间的间距应保持一致，整体风格均匀协调	通过拉线、敲击、尺量检查
色彩均匀	色彩饱满、均匀一致，不透底彩，层次清楚	
图案线条工整	无论是阴阳文字、退晕，还是色彩图样的设计，线条都应横平竖直，间隙均匀，粗细相同。退晕效果应规律有序，拐角处应方正规整	
对比一致	各种椽头线道粗细一致，规格统一	
洁净度	洁净，无脏污及明显修补痕迹	
艺术形象	图案合理、构图巧妙、形象生动、色彩鲜明、颜色均匀、风格统一；应避免出现重复图案，不出现色彩混合或跳色的现象	

（三）斗拱彩画工程

斗拱彩画包括室内外各种柱头科、角科、平身科，以及鎏金斗拱等装饰。斗拱彩画工程质量标准见表6-8。

表6-8 斗拱彩画工程质量标准

项目名称	质量要求	检验方法
沥粉	线道饱满、齐直、宽窄一致；无刀子粉、疙瘩粉	通过拉线、敲击、尺量检查
刷色	刷严、刷到，均匀一致，不脏拱眼及盖斗板	
晕色	宽窄一致、线界齐直、拐角方正、色彩均匀、覆盖底色	
边线	线条齐直、宽窄一致、色彩均匀饱满、拐角方正	
大粉	线条横平竖直，拐角方正，色彩均匀饱满，留边宽窄一致，无离缝现象	
黑老	线条工整直顺，居中准确；随形黑老，应能宽窄一致，规格统一	
洁净度	表面洁净，无颜色污痕及明显修补痕迹；昂头色彩鲜艳，无手摸污痕	

（四）天花彩画工程

天花彩画工程基本项目主要包括沥粉、图案、天花裱糊等。天花彩画工程质量标准见表6-9。

表6-9　天花彩画工程质量标准

项目名称	质量要求	检验方法
行线排列	排列通顺整齐，大边宽窄一致	通过拉线、敲击、尺量检查
沥粉	线道直顺、饱满、搭角到位，圆光线接头无错位，通顺、起伏一致，色线工整规则	
图案	岔角工整，风格均匀，各色线条应保持流畅连贯，圆心内部的图案也应符合工整规则的审美标准	
艺术印象	渲染均匀，层次鲜明，色调沉稳，勾线有力，画面干净、整齐	
天花裱糊	裱糊表面平滑无瑕，无空鼓、翘边、皱痕或折裂的沥粉线条，保持清洁且色彩保持鲜艳，不得有污痕	
燕尾	色彩应当鲜明，图案布局层次分明，线条精准且流畅，裁剪燕尾与边框的宽度应保持一致，确保装饰后无缝拼接、边缘平滑	
洁净度	洁净、无颜色污痕及明显修补痕迹；色彩鲜艳，无手摸污痕	

（五）楣子、牙子、雀替、花活彩画工程

各种质量要求应符合下列要求。

（1）楣子彩画　楣子彩画施工时，其内部涂饰应严格均匀，色泽应内外一致，线条须自然流畅、直顺，色彩搭配须协调；分色线应清晰整齐，避免出现裹面现象。

图6-2（a）中的额枋是我国古代建筑中的一种重要装饰手法。它主要被应用于建筑物的檐下，通过彩绘、雕刻等形式来展现各种图案和纹样，旨在增添建筑物的美感与艺术气息。图6-2（b）中的梁枋彩画运用了多种颜色，如红、黄、绿、蓝、白等，这些色彩搭配和谐融洽，富有层次感，既有平面彩绘，又有立体雕刻，富有立体感。

（a）额枋彩画　　（b）梁枋彩画

图6-2　楣子彩画

（2）**牙子彩画**　各类花牙子的内部应全面涂刷，确保上色均匀，无斑迹，且内外色调保持一致。图6-3中的牙子彩画寓意吉祥，表达了人们对美好生活的向往，例如，采用龙、凤、蝙蝠等图案象征吉祥如意，牡丹、莲花等花卉寓意富贵吉祥。

（3）**雀替、花活彩画**　色彩鲜明，边缘及棱角内外均应均匀覆盖，层次分明，渲染均匀，线条宽度保持一致，留晕整齐，确保不褪色、无缝隙，表面洁净无染色或污点。图6-4中的雀替与整体画面相互呼应，形成和谐统一的视觉效果，它与周围环境相得益彰，呈现出丰富的层次感，其寓意吉祥，也表达了人们对美好生活的向往。

图6-3　牙子彩画

图6-4　雀替、花活彩画

6.2 涂饰涂装通病与防治

在长期使用过程中，涂料饰面往往会显现出一系列典型的问题，这些问题不仅破坏了装饰效果，也给正常使用带来困扰。因此，对饰面常见问题的成因进行了深入研究，以便采取有效的处理策略。

6.2.1 油性涂料饰面通病与防治

（一）慢干、回黏

在涂料施工后，若漆膜超过标准干燥时间依旧未能干燥，称为慢干。而若漆膜已形成但仍有黏性，则称为回黏。这些状况会影响漆膜的耐久性，导致施工期限延长，甚至需要重新进行施工。

图6-5中的慢干主要原因是底层表面残留油污、蜡质、碱性物质或盐分，以及未彻底清除或封闭的非干性树脂层，使得表面未干而具有一定的反光。图6-6中的回黏主要是由于涂料浓度过高或涂膜过厚，导致氧化过程仅限于表面，而漆膜内层的聚合反应速度缓慢，表面有大量灰尘，从而导致粗糙。

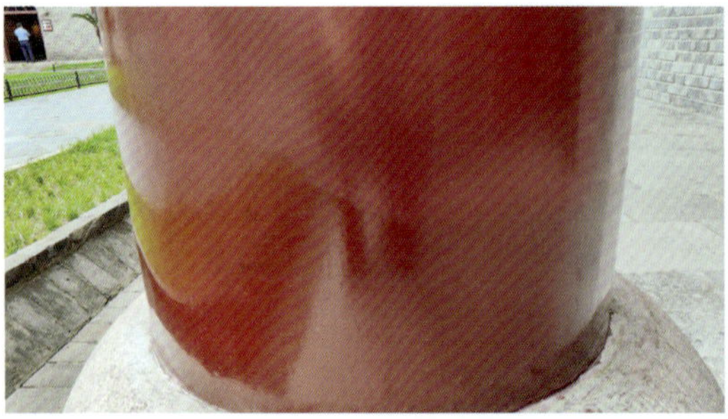

图6-5　慢干

图6-6　回黏

（1）产生原因　未待前一遍涂料彻底干燥便进行下一遍涂覆，导致干燥不均。存在极端气候条件，如持续的潮湿、阴暗、烈日直射等。催干剂的选用不当、品种不匹配、添加量过多或过少，以及长期储存致使其失效。涂料中半干性或不干性油的存在，或是使用挥发性差的稀释剂，如石油、煤油等，均能延缓干燥进程。清漆的熬煮不足或硬树脂热分解同样影响干燥效果。长期储存或密封不当的涂料，溶剂挥发后可能会发生胶化，即使添加稀释剂，漆膜干燥仍困难，且易产生回黏现象。未经充分干燥的水泥砂浆基层立刻进行涂料施工，可能导致漆膜长时间无法干燥。

（2）防治方法

①确保涂料质量，避免使用存放不当的漆料，还应通过初步试验来评估那些性能未知的涂料是否符合施工标准。

②必须选择适宜的催干剂以优化漆膜的干燥过程。例如，铅催干剂能促使漆膜内外层同步干燥；而钴催干剂具有更强的催干性能。将铅、钴、锰等催干剂复合使用，能产生更为理想的干燥效果。

③基层处理应满足特定的标准要求，尤其是含水率与表面清洁度应严格遵循相关规范。针对钢制基层上的蜡、油、盐分，可采用溶剂进行清洁处理；而对于松柏等木质的基层，则应先涂覆一遍漆片以实现隔离效果。在处理旧涂料基层时，应在清洁后涂刷一遍血料水。

④施工环境应避免存在酸、碱、盐雾或其他化学性气体。同时，应避免在雨雾、潮湿、阴暗、强烈日照等不良气候条件下施工。确保空气流通是施工过程中的基本要求。

⑤涂料稠度要调配适当。宁可多涂刷几遍，也不要急于求成，一次涂得太厚。

⑥涂漆的固化时间，通常不应低于24h。检测漆膜是否干燥的方法是，以指甲轻轻划过漆面，若留下白色划痕，则意味着漆膜已干燥。醇酸树脂涂料在底层涂料未彻底干透的情况下就可开始施工，此操作虽不影响漆膜的干燥性能，但可能会对面漆的光泽度造成一定影响。

⑦当漆膜出现干燥迟缓或黏性现象时，可以采取改善通风条件、适度提升环境温度等措施，并加强防护，随后持续观察数日。若漆膜确实无法干燥并形成坚实的膜层，再进行相应处理。对于干燥缓慢或回黏现象严重的情况，应使用高效溶剂进行清洗，彻底刮除后重新涂装。

（二）漆膜粗糙

在涂饰过程中，涂膜表面颗粒过多、质地粗糙，不仅会降低外观美感，还可能导致涂膜表面的颗粒凸起，进而损害涂膜的完整性。如图6-7所示，由于漆料研磨不充分、颜料颗粒过大或油脂添加量不足，以及调配和搅拌不均匀，过滤作业不够精细，或有杂质及污物混入。

图6-7　漆膜粗糙

（1）产生原因　在调配漆料阶段，若漆液内部气泡未能完全散去立刻进行施工，特别是在低温环境下，气泡难以消散，进而使得漆膜在干燥后出现粗糙质感。施工环境不佳，环境中的灰尘飞扬，可能会落入漆料中或附着在漆膜表面。底材处理不当，例如打磨不充分，则无法彻底清除灰尘及砂粒。在喷涂施工过程中，喷枪与物体表面的距离过远，或是气温过高、漆料黏度过大，或是风压过大，导致喷涂颗粒在抵达物体表面之前就已干结成粒，造成漆膜表面粗糙。

（2）防治方法

①对于储存期限较长且材料特性不甚明确的涂料，在投入使用之前，先进行标准样板试验，以评估其性能。

②使用前，涂料需经充分搅拌，清除杂质（如漆皮、砂粒），并待气泡完全消散。

③为防止不可预知的化学反应，不同型号或性能的涂料应避免混合使用。

④在风力较大或空气中含有大量尘土的条件下，应暂停涂装作业，并采取防尘措施保护新涂抹的涂料。

⑤在涂饰施工前，必须对基层进行规范处理，以消除凹凸不平或粉尘问题。

⑥确保漆桶及漆刷的清洁，避免在不洁地面上使用。剩余漆料应妥善覆盖，防止结皮或污染。

⑦若漆膜表面出现粗糙的情况，应用砂纸细致打磨，并清除灰尘，随后重涂面漆以完善涂层。

（三）漆膜皱纹

涂层表面频繁出现不平整的脊状痕迹，此类现象对表面的光滑性和光泽度造成了不良影响。图6-8中，在涂装过程中遭遇了高温环境或直接的阳光照射，或者催干剂的过量使用。尽管表面看似干燥已结成膜，但内部仍旧处于未干状态，从而形成皱纹。这一现象在长油度涂料中尤为明显。

图6-8　漆膜皱纹

（1）产生原因　在长油度漆膜上覆盖短油度漆膜时，也容易造成皱纹的形成。将干燥速度不同的涂料混合使用，也可能导致类似问题。底漆过厚且未完全干透，或者涂料黏度过大，都可能导致漆膜表层先行干燥并形成膜层，阻隔下层与空气的接触，使得外部干燥而内部仍旧湿润。气候突变，如骤冷，或者受环境中的煤气、二氧化碳等气体的影响，以及涂料黏度过高，都是产生漆膜皱纹的原因。

（2）防治方法

①施涂中，应规避高温环境和直接日晒，同时防止温度急剧下降。气温较低时，可适量添加催干剂以促进干燥。

②熟悉并掌握各类涂料的特性。例如，酯胶调和漆由于含有较多的桐油，容易产生皱纹；而醇酸调和漆因含有较多的树脂，则相对不易出现此类问题。

③催干剂应优先考虑铝或锌类促进剂，尽量减少铅或锰类促进剂的使用，且催干剂的量应适度控制。

④应避免在长油度的漆膜上涂饰短油度涂料，或在底层涂料未彻底干燥的情况下涂饰面漆。

⑤应控制涂料黏度，黏度较高的涂料，可适量添加稀释剂以增强其流动性，便于涂刷。若黏度过大且无法稀释，则应选择刷毛短而硬的油刷进行施工。

⑥若漆膜出现皱纹，待其干燥后，应用水砂纸轻轻打磨以平整皱纹。情况较严重的，应彻底清除面层，打磨平整后再涂刷面漆，或者使用腻子找平，经磨光处理后补充涂料，并最终完成一遍面漆的涂饰。

（四）漆膜橘皮

漆膜表面出现类似橘皮纹理的圆形凸起现象，这种现象被称为橘皮。图6-9中，由于漆液黏度过高、喷涂压力超出适宜范围、喷嘴尺寸偏小、喷枪与被涂物体表面的距离不适当，以及施工环境温度异常，这些因素都可能导致漆膜无法充分干燥。

图6-9　漆膜橘皮

（1）产生原因　涂层内高挥发性溶剂的快速蒸发引起剧烈的流体对流，导致膜层产生微小的破裂或空腔。若未能在二次流平阶段完成干燥，则表面将形成粗糙结构。

（2）防治方法

①涂料配料比优化。应确保涂料与稀释剂的合理搭配。例如，对于硝基涂料类黏度较高的涂料，应使用专用的硝基涂料稀释剂进行适度稀释。而对于过氯乙烯漆，若采用小口径喷枪，其施工黏度应较硝基涂料为低，通常可添加原漆量30%～60%的过氯乙烯漆稀释剂进行混合。

②施工环境控制。确保施工现场温度控制在20℃左右，喷涂压力适中，喷嘴尺寸适宜，喷枪与物体表面保持恰当的距离。同时，在涂刷过程中也应注意控制涂料黏度。

③缺陷修复方法。对于已经出现皱纹的漆膜，可使用细砂纸对凸起部分进行打磨，凹陷区域则应补抹腻子，随后用砂纸打磨平整，再补涂相应涂料。干燥后再进行全面涂装。

（五）起泡

在涂层与底层或不同涂层界面之间，漆膜局部性地丧失了黏附力，导致在干燥后形成不规则的起泡现象。如图6-10所示，由于基层处理不符合标准，木材的含水率超限，或是未能妥善封闭松脂囊等缺陷，抹灰层内含有湿气、碱性物质或硝酸盐类，以及金属表面凹陷处积聚的湿气或铁锈，均可能导致漆膜无法有效附着。在高温或暴晒环境下，水分及稀释剂的蒸发和挥发，进而引起起泡现象。

图6-10　起泡

（1）产生原因　使用耐水性较差的涂料对浸水物体进行涂饰，或是底层涂料未完全干燥便涂覆面漆，以及油性腻子未干透即进行后续工序，都会导致底层干燥过程中产生的气体无法排出，形成起泡。在油性调和漆或磁漆的表面涂抹含有强溶剂的涂料，或是硝基纤维素涂料，可能会引起底层涂料的膨胀，进而产生气泡。在喷涂过程中，压缩空气中夹带的水蒸气与涂料混合，或者涂料黏度过高导致空气被漆刷带入涂层，这些空气无法随着溶剂的挥发一同排出，最终产生气泡。

（2）防治方法

①基层处理，必须采取严谨的态度。在处理含水量高的木材、混凝土或水泥砂浆等底层时，应避免涂刷涂料。金属表面在涂装前，必须彻底清除铁锈和杂质。

②在潮湿或频繁接触水的区域，应选择耐水涂料。

③严格遵循规范。若底层油性腻子或底漆未干燥，或基层含水分，不宜进行下一步涂刷。

④涂料的黏度应适宜，避免过厚的涂刷；同时，应确保喷涂时压缩空气经过过滤，防止潮气侵入漆膜。

⑤轻微的起泡，可以待漆膜干燥后，使用水砂纸打磨并补涂面漆。若起泡严重，则应铲除并处理基层，再涂覆面漆，以此解决起泡问题。

（六）缩漆

涂层面出现局部收缩，形成类似锯齿状、圆珠状或针孔状的不规则形状，此现象类似于水珠滴落蜡纸表面，导致底层涂料暴露，形成斑点，其形态犹如笑颜时的皱纹，又称为“发笑”。此问题在清漆罩面及红丹漆施工中尤为常见。如图6-11所示，由于涂层底部可能含有未完全挥发的非干燥性稀释剂、油渍、蜡质或发生潮湿，导致漆膜因表面张力作用而发生收缩，出现局部收缩现象。

图6-11　缩漆

（1）产生原因 涂料中干性油过于黏稠，或者涂层过薄，又或者选择了不适宜的溶剂导致溶剂挥发速度过快，使得涂层无法及时流平。底层涂料过于光滑，导致其与面层涂料之间的附着力小于面层涂料的表面张力，从而引起收缩现象。涂料黏度偏低，或颜料润湿性不佳，或过量添加有机硅油，这些因素均可能导致无法形成均匀的膜层，从而引发收缩问题。

（2）防治方法

①稀释涂料时黏度要适中，选用挥发性较低的溶剂。

②选用润湿性强的涂料，避免采用纯酚醛树脂涂料。

③尽量不在寒冷、潮湿、烟熏的环境下施工。

④基层处理须严谨对待。确保施涂基层无油污、蜡质、潮气等污染物。若基层表面过于光滑，则可使用肥皂水、酒精或适当的溶剂进行清洁，或采用细砂纸进行打磨，再进行面漆涂装。

⑤若在涂刷过程中出现缩漆现象，应立即终止作业，并使用汽油或松香水清洗表面，随后用布包裹石灰粉或滑石粉进行拍擦；清理干净后，可选择清扫或涂刷一两遍漆片以封闭。

⑥涂层收缩不严重的，可在施涂时进行反复理顺。收缩较为严重的，则须待涂层完全干透后，打磨平整，再重新施涂。

⑦双组分或多组分的涂料，施工前应充分搅拌均匀，同时确保硅油的添加量适宜。在喷涂过程中，应使用不含油和水的压缩空气，以保证喷涂质量。

（七）漆膜溶解

面漆漆膜局部溶解及其渗透至表面的现象，又称为发汗。如图6-12所示，由于在使用亚麻仁油或熟油时，其树脂含量不足，导致面漆漆膜发生溶解反应。施工环境潮湿、黑暗、湿热、通风不良，可使漆膜表面水分凝结而产生漆膜局部溶解。

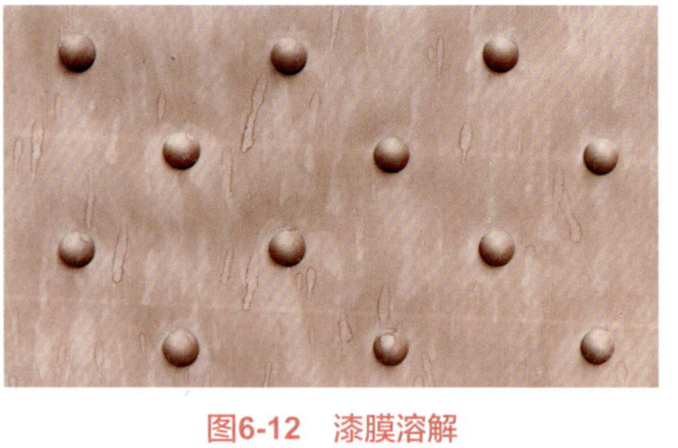

图6-12 漆膜溶解

（1）产生原因 基材表面存在未彻底清除的油污，或存在旧漆面上的石蜡、矿物油等残留物，在硝基涂料涂饰后，这些物质可能会渗透进漆膜，从而引发漆膜软化。

（2）防治方法

①选用优质涂料。

②施工环境要保持干燥、通风且采光良好。

③基层表面的油污要清除干净。

④对于已出现溶解现象的漆膜，应增强通风条件，以促进氧化聚合作用，加速漆膜的彻底干燥过程。

（八）咬底

面漆中的溶剂对底漆膜的软化作用，常常导致底漆与底层附着力下降，进而引发漆膜破坏，此现象被称为咬底。如图6-13所示，由于含有油脂、醇酸或经过干性油改性的合成树脂涂料膜，在氧化聚合过程尚未完成时遭遇强溶剂，漆膜表面受到侵蚀。当底层使用油性酚醛漆而面漆采用硝基涂料时，硝基涂料内的溶剂易导致油性酚醛漆膜的侵蚀，从而与底层脱离。

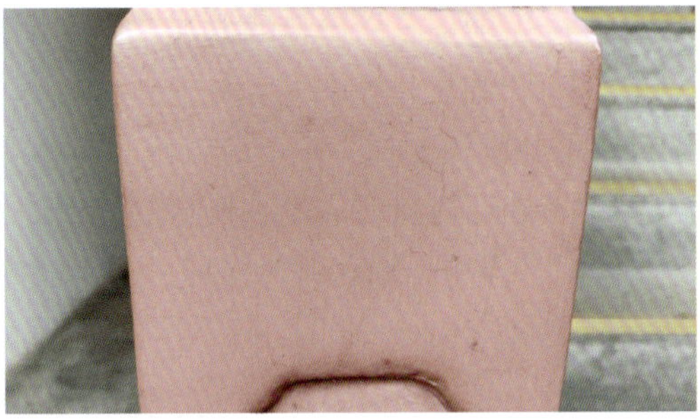

图6-13　咬底

（1）产生原因　底漆未彻底干燥便涂饰面漆，面漆中的溶剂将迅速软化底漆，引发咬底。特别是醇酸磁漆，其内含有的强溶剂在第一遍漆膜未干透的情况下，若急于涂刷第二遍，则第一遍漆膜易被侵蚀。涂刷面漆的速度过慢、重复涂刷次数过多，或使用硝基涂料等快干型涂料，也会增加咬底的风险。

（2）防治方法

①确保底层涂料彻底干燥后，再进行面漆涂饰施工。

②涂料、溶剂以及腻子的选用应遵循配套原则。若在油性漆面上使用溶解力较强的面漆，在底漆完全干燥后，应先涂覆2遍或3遍虫胶漆作为隔离层，然后再进行面漆涂刷。

③施用溶剂型涂料时，应操作熟练，确保操作的精确性和速度，避免重复涂刷。

④对于涂层表面出现的轻微咬底现象，若不影响整体涂装质量，可不做处理。若情况较为严重，则应彻底清除受损涂层，待基底干燥后，再使用同种涂料进行重涂。

（九）浮色

色漆在涂刷或干燥成膜时，部分颜料从原本的颜料层中分离并转移到漆膜表面，形成漆膜泡。此现象不伴随斑点的生成，且漆膜湿润时颜色较浅，干燥后则颜色加深。此类现象在漆膜表面表现为不同斑纹或直线丝纹，被称为浮色。如图6-14所示，涂料所使用的颜料由于密度差异，会表现出不同的沉降行为，密度较大的颜料下沉，而密度较小的颜料上浮。颜料中若含有气泡，则气泡会上浮，导致颜料上升。它们容易从空气中吸收水分，进而在漆膜表面形成颜色差异，出现斑点和丝状纹理。

图6-14　浮色

（1）产生原因　混合多种颜料制备色漆时，由于颜料密度的差异，容易产生沉淀或漂浮现象，如果在未充分搅拌均匀的情况下即进行涂装，将导致色漆涂层的颜色分布不均。若使用的刷毛过于粗糙或过硬，在涂刷时，就很容易造成涂层出现浮色的问题。

（2）防治方法

①优先考虑品质优良的产品，并经测试验证后使用。若涂料存在发花现象，则应依据发花的具体成因，相应地添加适量的防护胶，或使用适量的湿润剂，或加入适量的低沸点溶剂来调整其流变性，甚至可以选择将色漆储存一段时间以优化其使用性能。

②当处理含有较高密度颜料的涂料时，推荐使用柔软毛质的漆刷进行施工。涂刷时，应不断搅拌涂料，确保颜料均匀分布，避免因沉淀导致的涂层不均。

③出现发花缺陷的涂层，可选用高品质涂料，并用软毛漆涂刷一遍面漆。

（十）胶状物析出

漆膜会产生胶状物或硬块，将会影响漆膜的美观和使用寿命。如图6-15所示，部分稀释剂溶解效率不高，导致涂料内的胶状成分不能完全溶解，部分物质发生析出。在稀释过程中，溶液首先变得浑浊，随后胶状物质逐渐沉淀。即便充分搅拌，这些物质依旧难以被重新溶解，这一现象在清漆中较为常见。

图6-15　胶状物析出

（1）产生原因　色漆中析出的胶体可能会与颜料结合，形成固态硬块。在硝基涂料的稀释过程中，硝化棉的稀释存在临界值，超出此值则会导致析出。乳化漆的制备需要控制加水量；若超出规定的加水量，将对乳化体系造成破坏，析出物质一旦形成，便难以修复。

（2）防治方法

①在稀释酯胶、硝化纤维等类型的人造树脂涂料时，应避免使用汽油、松节油等稀释剂，转而选择甲苯、二甲苯等替代品。

②当稀释剂与成膜物质的融合性不佳时，将涂料涂抹于玻璃表面形成薄膜，观察是否有析出现象，凡出现析出的涂料均应弃用。

③若硝基涂料发生析出，可添加丙酮等高效溶剂以促进其溶解。

④对于已经析出的漆膜，应通过水砂纸进行打磨处理，使其平整后，再重新涂层面漆。

6.2.2　水性涂料饰面通病与防治

（一）起层

上层漆稀释剂的渗透导致底层漆软化膨胀，从而引发层间剥离。如图6-16所示，由于底层涂料干燥不完全，稀释剂会引起下层漆膜的溶胀，从而导致漆膜收缩并形成皮层。

图6-16　起层

（1）产生原因 涂刷两遍涂料的操作不迅速，反复涂刷次数太多。

（2）防治方法

①底层漆要彻底干透，按照规定时间重涂，且底漆和面漆要配套使用。

②涂刷时应技术熟练，操作迅速、准确，反复次数不宜过多。

③应将涂层全部铲尽，待干后再重新进行涂饰。

（二）脱皮

漆膜破碎成小片，从物体表面上浮卷起来，逐渐掉落。如图6-17所示，由于施工表面不清洁，可能有油污等，导致漆膜附着力差而引起卷皮。墙体湿度过高，未在水泥抹灰层上预处理清油即施涂腻子，引起涂料油分的吸收，使得漆膜成膜后易于变脆和劣化，最终导致脱皮现象。

图6-17 脱皮

（1）产生原因 涂料稀释过度或基材表面过于光滑，致使漆膜厚度不足，附着力降低。在底漆未彻底干燥的情况下涂刷面漆，随着时间推移，底漆的收缩可能会导致面漆出现裂痕。此外，由于涂料质量存在问题，如树脂和胶质含量过高，漆膜易脆化，进而产生裂隙。

（2）防治方法

①对湿度源头进行详尽排查与彻底治理。

②预处理阶段应确保待涂表面洁净且无水分残留。

③利用高品质水泥砂浆填平墙面不平之处，并使用持久性腻子修补缺陷，待干后以砂纸磨平。

④强化腻子处理墙面的结构稳固性，防止粉化或脱落，并严格监控涂层厚度的一致性。

⑤在底漆与面漆的选用上，注重匹配性，选用附着力强、润湿性佳的底漆以确保涂层效果。

（三）流坠

涂刷后的漆液沿物体表面下滴，导致漆膜厚度不一，严重情况下犹如幕布垂悬，而轻微情况下则为串珠状的泪痕。如图6-18所示，由于稀释剂的过量添加，导致漆料黏度降低，无法保持均匀涂覆，漆料因此沿物体表面下滴。稀释剂过快挥发，漆膜在形成之前便已失去流动性，影响流平效果，造成漆膜厚度不均；稀释剂挥发速度过慢，则漆料流动性增强，同样容易引发流挂现象。

图6-18 流坠

（1）产生原因 漆膜涂覆过厚。由于漆料自身的重量作用，过厚的漆膜易导致下坠。物体表面凹凸不平，物体的表面不光滑，特别是棱角、转角以及线角的凹槽位置，涂刷时难以均匀，导致漆膜厚度不一，从而在这些较厚区域产生流淌现象。物体表面不洁，有油、水等污物，涂刷后不能很好地附着而流淌。使用过大的漆刷，刷毛过长或过软，或在涂刷过程中蘸取过多涂料，均可能导致涂层不均匀，进而造成厚涂区域的涂料流淌。喷嘴孔径过大，喷枪与物体表面的距离不稳定，或喷涂气压波动过大，均易导致漆膜厚度不一，从而引发流淌。

（2）防治方法

①选用优良的涂料和适量的稀释剂。

②按照规定进行基层处理，做到基层平整、洁净。

③施工环境以温度15～25℃、湿度50%～75%为宜。

④依据施工环境及方法，对涂料的黏度进行适度调整。在气温较高的条件下，应降低涂料黏度。此外，喷涂作业相较于涂刷，涂料黏度应适当减小。

⑤控制涂层厚度，漆膜的厚度不宜过厚，特别是喷涂方式，其漆膜应较涂刷更为轻薄。

⑥漆刷的毛刷根部应粗壮而尖端细薄，鬃毛厚实且刷口整齐。对于面漆或黏度较高的涂料，推荐使用八成新的旧油刷；而底漆或黏度较低的涂料，则适宜采用装卸刷。

⑦在喷涂施工中，喷嘴孔径不宜过大，保持空气压力在0.2～0.4MPa为宜。同时，喷枪与物体表面的距离应控制在适当范围内，小喷枪以150～200mm为准，而大喷枪以200～250mm为佳。

⑧在涂刷操作中，应遵循规范，避免横涂乱抹。特别是在线角、棱角等部位，应用油刷轻轻按住，以蘸起多余的涂料，防止因漆膜过厚而引起流淌现象。

⑨若漆膜尚未彻底固化，且边缘或表面出现局部涂料流挂现象，可用铲刀移除过剩涂料后再满刷一遍。完全固化的漆膜，对较小范围的流挂，可用砂纸进行打磨平整；较大范围的流挂，则可使用水砂纸打磨处理，或者利用铲刀彻底去除多余涂料，随后填充腻子再刷一遍涂料。

（四）起泡

涂膜在干燥阶段或高温环境时，其表面往往会形成众多形状各异、大小不一的凸起结构。如图6-19所示，由于基层水分含量超标且未能彻底干燥，加上使用了耐水性能较差的涂料，尤其是在基底经常处于潮湿状态的场合下，导致了这一系列问题的发生。

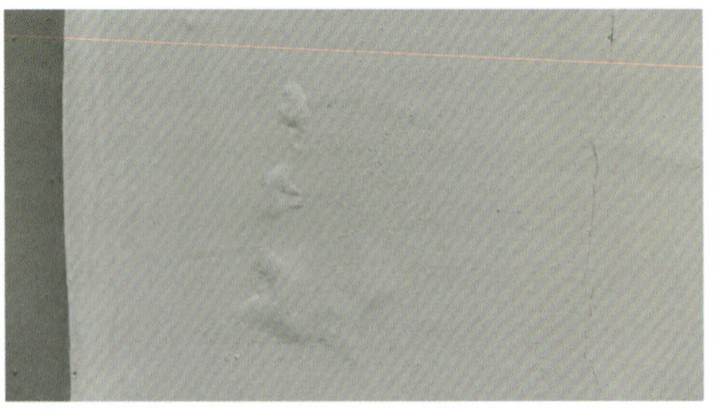

图6-19 起泡

（1）产生原因 在底层涂料尚未干燥的情况下，便进行了面层涂料的施工。喷涂时压缩空气中夹带的水蒸气与涂料混合。

（2）防治方法

①应待基层完全干燥后方可进行后续施工。

②在经常潮湿的基底层，使用具有良好耐水性的涂料。

③确保底层涂料彻底干燥后，再涂饰面层涂料。

④喷涂前，检查油水分离器，以防水分进入。

⑤起泡的墙面，应待其干燥后，采用细砂纸轻轻打磨起泡区域，并补涂相应涂料。若起泡现象较严重，则应铲除并清理干净后，重新施涂。

（五）涂膜粗糙

涂料涂饰在物体上时，涂膜中颗粒较多，表面粗糙。如图6-20所示，由于研磨的细度不足，颜料粒子偏大，进而影响涂膜的均匀性。调配涂料搅拌不充分或涂料中混入杂质，会造成涂膜的颗粒感。

图6-20　涂膜粗糙

（1）产生原因　涂料保存时间过长，导致变质，或是涂料皮碎屑过多，未经适当过滤处理即投入使用。施工环境不清洁，例如灰尘等杂质落入涂料中，或是涂刷工具带有污物。基层处理不当，未能彻底清除灰尘。

（2）防治方法

①选取乳胶涂料时，应着重考量涂料的品质。对于性能不确切的产品，须经试验验证后再使用。

②涂料在施用前应充分搅拌均匀，并利用筛网去除其中的杂质。

③应避免在风沙环境中进行涂装作业，同时确保施工工具的清洁。

④若基层表面不平，可采用腻子进行平整处理，并使用砂纸打磨至平滑，清除灰尘后再进行涂饰。

⑤若涂层出现粗糙，待干燥后打磨平滑，清理干净后，再涂一遍涂料以完善表面。

（六）涂膜开裂

涂膜在涂装后不久就产生细裂、粗裂和龟裂。如图6-21所示，由于涂膜过厚，表面不干，或受到有害气体，如二氧化硫、氨气等的侵蚀，造成涂膜开裂。

图6-21　涂膜开裂

（1）产生原因　面漆中挥发成分过多，影响成膜的结合力。

（2）防治方法

①施涂过程中，每遍涂料不宜过厚。

②施工环境中应避免有害气体的侵蚀。

③面漆的挥发成分不宜过多。

（七）刷痕

涂料中水分迅速挥发，导致涂料未能充分流平即形成膜层，遗留明显的刷痕。如图6-22所示，由于涂料施工时的黏度过高，或稀释剂的蒸发速度过快，或使用的刷具尺寸不当，刷毛硬度过高，或是由于刷具保管不当而导致刷毛不整齐或硬化。

图6-22　刷痕

（1）产生原因　基层或基材对涂料的吸附能力较强，致使涂膜在干燥前难以均匀分布，从而产生刷痕。

（2）防治方法

①提升施工人员的技术水平，选用高品质或先进的技术设备进行施工。

②避免基层过于干燥，以降低其对涂料的吸附性。

③调整涂料施工时的黏度，选择适宜的稀释剂。最后一步的涂饰步骤中，所使用的乳胶涂料应适当稀释。

④待刷痕彻底干燥后，利用细砂纸轻轻打磨平滑，清除浮尘，随后再次涂刷一遍涂料。

（八）粉化

涂饰后的漆膜变成粉状漆面，如图6-23所示，由于涂料树脂的耐候性差，表面形成粉末化脱落。

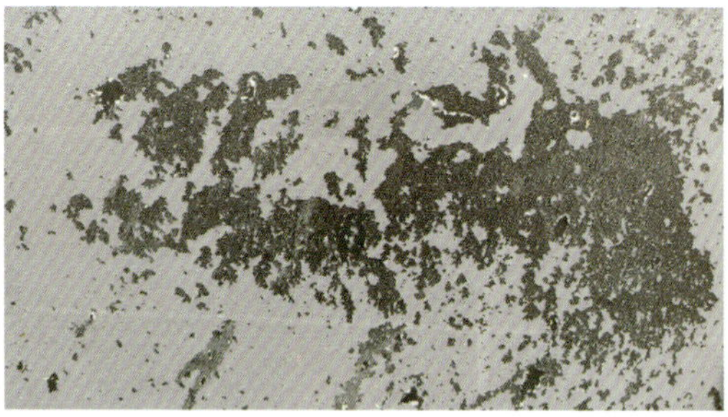

图6-23　粉化

（1）产生原因　施工环境及底材温度低，成膜不好，稀释水过量。

（2）防治方法

①将粉化物清理干净。

②墙面温度低于8℃则不宜施工。

③稀释水用量要适宜，涂刷两遍耐候性较好的内墙涂料。

（九）颜色不均、发黄发花

涂刷后颜色不一致，遮盖力差，常出现在水溶性涂料上。

如图6-24所示，由于混凝土或水泥砂浆基层的养护期过短，导致其含水量较高且强度不足。如图6-25所示，由于表面平滑度的差异，使基层吸附力不均，进而影响涂层的均匀性。若基层表面凹凸不平，光线照射下颜色会深浅不一。

图6-24 颜色不均

图6-25 发黄发花

（1）产生原因 基层碱性过强，引起乳胶涂料变色、发花。涂料搅拌不均，造成乳液、填料及颜料分布不均；涂布过程中的不当加水或涂膜厚度不一，导致涂料色泽不一。涂料批次不一，导致颜料混合比例出现差异。若使用未经充分干燥的涂料，或将原本用于其他用途的涂料用于木器涂饰，涂料中的溶剂可能与乳胶漆发生化学反应，从而引起涂层泛黄现象。基础层施工时，接搓位置选取不一致，会造成表面颜色不均及明显的接搓痕迹。使用粗糙或硬度较大的毛刷，以及未充分搅拌的沉淀颜料，可能导致涂膜不平整、色泽不均等问题。

（2）防治方法

①基层混凝土的养护期至少28天，砂浆的养护期应不少于7天。砂浆修补的孔洞，养护期应不少于3天。同时，基层的含水率应控制在10%以下，且确保混凝土与砂浆的配料比一致性。

②施工前，应调整基层的pH值低于10，以避免碱性物质的析出；如有必要，可使用封底剂进行处理。

③混凝土或砂浆基层施工缝应设置于阴阳角部位。

④施工前，必须彻底清除基层表面的油污，并确保腻子层均匀平整。

⑤施工时，涂料应彻底搅拌均匀，若涂料过于稀释或遮盖效果不佳，则应增加涂刷次数。

⑥使用软毛刷，并经常搅拌涂料以维持均匀性。

⑦干燥但表面呈现色差的墙面，可以采用高品质乳胶涂料进行修复，并使用软毛刷进行局部补涂。

第7章

涂饰涂装安全与卫生知识

操作难度： ★★★☆☆

核心概念： 安全操作、防护措施、卫生知识

章节导读： 合成树脂是涂料生产的核心成分。这类涂料在生产过程中需要使用低闪点有机溶剂，如酮类、醇类、酯类等，用于稀释。这些溶剂具有较强的挥发性，是涂装现场发生火灾、爆炸等危险事故的主要因素之一。溶剂的脂溶性和挥发性使其可通过呼吸系统或皮肤进入人体，可能引起肝肾功能损害。此外，某些含铅化合物或无机填料的涂料在施工过程中会产生粉尘，吸入后可能引发铅中毒或尘肺病等健康危害。

为确保施工安全，涂装作业人员应接受系统的职业卫生培训，并通过考核。培训内容应包括必要的职业卫生知识、防护技能，以及所用涂料的基本性能和防护要求。如图7-1所示，在进行喷涂作业时，应根据涂料性质采取相应的防护措施，按规定穿戴防护装备并佩戴符合标准的防护口罩，以确保施工人员的健康安全。

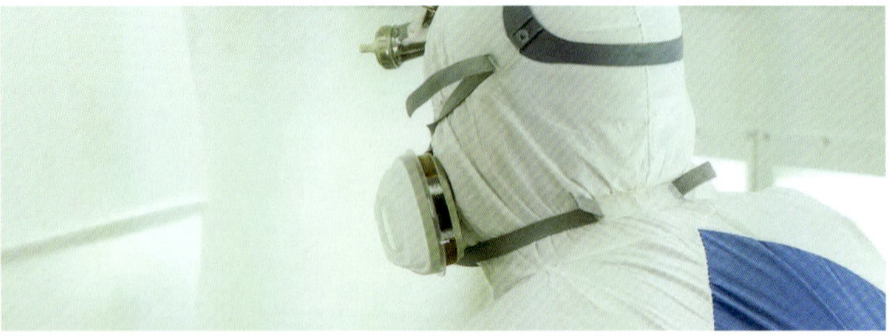

图7-1 涂饰涂装安全防护

7.1 安全基础知识

7.1.1 防护装具

若在涂装施工过程中未采取充分的防护措施，可能会对人体健康造成严重危害。在进行喷漆和涂装作业时，除了要做好呼吸系统防护外，还应加强全身防护，特别是手部防护。

（一）防尘口罩

在存在悬浮颗粒物的工作环境中，例如进行原子灰打磨作业时，佩戴防尘口罩是非常必要的。市场上的防尘口罩主要包括一次性使用型和配备可更换滤芯的可重复使用型。

防颗粒物口罩图7-2（a）所示，它是一种利用过滤材料拦截空气中的颗粒污染物，从而防止有害物质进入人体呼吸道的防护用品。过滤式防尘口罩如图7-2（b）所示，其滤材表面带有静电荷，可吸附通过的颗粒物，从而实现过滤效果。

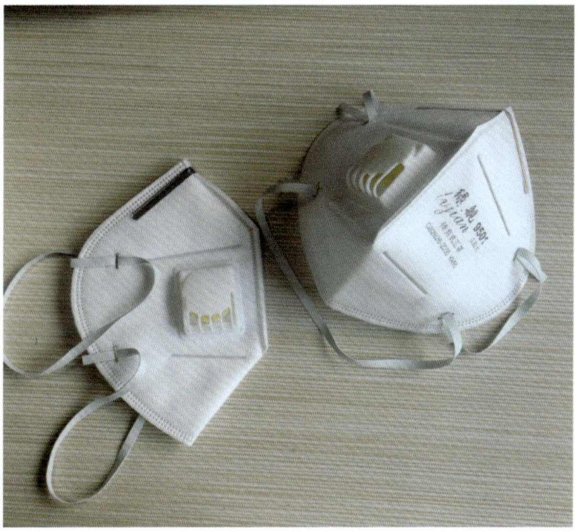

（a）防颗粒物口罩

（b）过滤式防尘口罩

图7-2 防尘口罩

（二）防毒面具

防毒面具是一种用于防止吸入有毒气体的个人呼吸防护装备。根据工作原理不同，可分为供气式和过滤式两种类型。其主要功能是吸附或中和空气中的有毒气体，从而减少对人体健康的危害。

（1）供气式防毒面具 它可分为两类：一类为输送净化空气型，适用于长时间作业或污染浓度较高的环境；另一类为输送氧气型，专用于密闭或通风不良的空间。此类面具可有效净化空气中的气体污染物以及粉尘、烟雾等颗粒物。面具内置呼吸阀，可降低呼吸阻力，并通过供气泵将外部空气吸入、净化后输送至面罩，见图7-3。

（2）**过滤式防毒面具** 这是一种常见的呼吸防护装备，其核心部件包括可更换的滤筒和过滤层，能够有效去除空气中的有机溶剂、有毒气体及部分颗粒物。呼气阀集成过滤装置，可防止呼出气体对外界造成污染。过滤元件主要包括预过滤层和活性炭，用于吸附气体污染物并拦截颗粒物。呼吸阀的设计有助于降低呼吸阻力，提高佩戴舒适性，见图7-4。

图7-3 供气式防毒面具

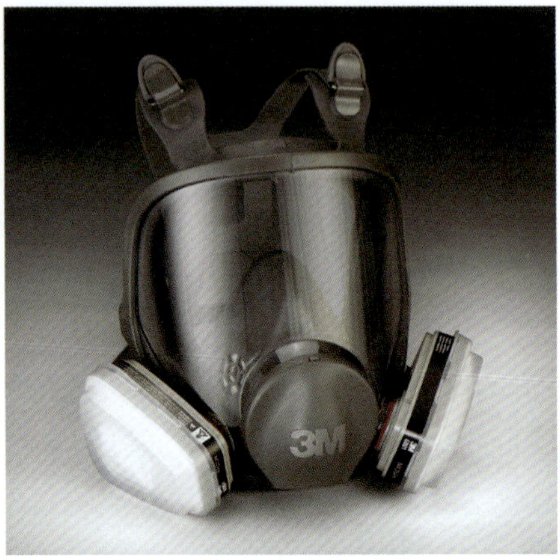

图7-4 过滤式防毒面具

（三）工作服

工作服的功能不仅在于避免涂装人员接触涂料，还能减少灰尘对人体的伤害。部分防护服装采用防静电材料制成，以提升静电防护性能。

（a）涂料工作服

（b）涂料防静电工作服

图7-5 工作服

如图7-5（a）所示的涂料工作服能有效防止涂料等化学物质对皮肤造成的刺激性伤害。该工作服具有良好的耐化学性、耐高温性和耐磨性，能够在恶劣环境中保障作业人员的安全。如图7-5（b）所示的涂料防静电工作服是在服装表面涂覆一层导电材料制成的。穿着该类防静电服时，服装表面的导电涂层可将人体积累的静电迅速导入大地，从而消除静电危害。

（四）护目镜、手套

护目镜用于保护眼睛，防止涂料和稀释剂等有害物质对眼部造成刺激，同时也能阻挡打磨过程中产生的原子灰或金属微粒。涂料施工专用手套具有良好的摩擦性能，能够增强操作人员对工具或材料的握持力，有效避免滑脱，提高操作安全性。手套背面采用棉线材质，既保障了手指的灵活性，也提供了必要的防护作用。

如图7-6所示，佩戴专用护目镜可有效阻挡飞溅的涂料或稀释剂进入眼睛，从而降低化学伤害的风险。如图7-7所示，涂料手套可有效隔离手部与涂料的直接接触，减少化学物质对皮肤的刺激，起到良好的防护作用。

图7-6　护目镜

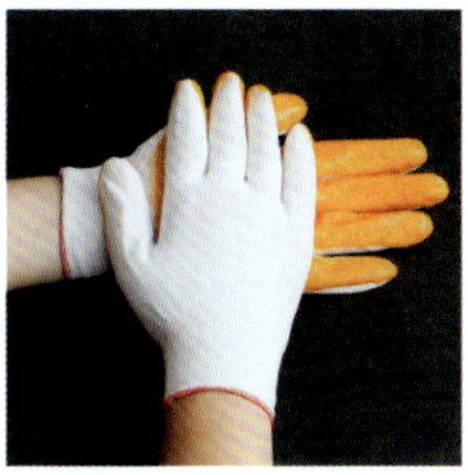

图7-7　涂料手套

7.1.2　防止高空坠落

高空施工必须使用适当的工具，如人字梯、直梯或伸缩梯等。通常，梯子适用于作业高度不超过2m的场合；若作业高度超过2m，则必须按照相关规定搭设脚手架，以确保作业安全。进行外墙施工时，应根据工程具体情况，正确使用安全带、安全绳等个人防护装备，保障作业人员的生命安全。

（一）人字梯

人字梯的安全使用应符合以下规定：

（1）必须确保其四脚稳固着地，摆放平稳。梯脚应配备防滑橡胶垫和保险绳。

（2）在人字梯上铺设脚手板时，脚手板两端的搭接长度不得少于200mm。脚手板上不得同时有两人作业。移动梯子前，作业人员应先下梯，且严禁在梯顶站立或在梯顶铺设脚手板。

（3）使用人员应定期检查人字梯，发现开裂、腐朽、结构松动等问题时，应立即停止使用。

（二）直梯

直梯的使用应严格遵守以下规定：

（1）直梯仅用于攀登，不应作为工作平台使用。

（2）使用前应检查梯子，确保其结构完好、放置稳固。

（3）直梯的放置角度应合理调整，避免因角度过大或过小而影响其稳定性。

（三）脚手架

脚手架的使用应严格遵守以下规定：

（1）上架前应仔细检查脚手架结构是否牢固，其高度是否满足作业需求。确认无误后，方可上架作业。

（2）在脚手架未通过验收并确认安全前，严禁投入使用。

（3）禁止穿硬底鞋、拖鞋或高跟鞋进行脚手架作业；同时，应确保工具放置稳妥，避免坠落伤人。

图7-8中的人字梯应注意其安全性能。合格的人字梯应具备防滑、防变形和防断裂等性能。梯脚应配备防滑垫，以提高防滑性能，防止梯脚滑动或作业人员滑倒。图7-9中的直梯结构简单，多以彩色涂层不锈钢为主，具有良好的耐腐蚀性，适用于潮湿或腐蚀性环境下

的施工。图7-10中的钢制脚手架是当前建筑施工中的主流产品，其搭建应严格按照施工方案进行。

图7-8　人字梯

图7-9　直梯

图7-10　脚手架

（四）安全帽、安全带、安全绳

在高层建筑外墙施工过程中，常涉及多种高处作业环节，存在一定的安全风险。因此，施工人员在进行高空作业时，应严格遵守相关安全规范，并按规定佩戴必要的个人防护装备，如安全帽、安全带、安全绳（保险绳）及防滑鞋等。

如图7-11（a）所示，安全带和安全绳是高空作业中的关键防护装备。无论是否在吊篮内作业，施工人员都必须正确使用安全带和安全绳。安全带应牢固系挂在可靠的固定点上，以保障作业安全。图7-11（b）展示了高空作业人员使用防护设备的场景，所使用的安全帽、安全带、防滑鞋等均符合国家相关标准要求，用于保障作业人员的人身安全。

此外，应对所有高空作业设备进行定期检查与维护，确保其性能良好，从而有效降低作业过程中的事故风险。

（a）安全带和安全绳

（b）高空作业安全防护

图7-11　安全防护用品

7.1.3　防止机具伤害

（一）手持工具

使用手持工具应遵守以下操作要求，并符合其他相关标准的规定：

（1）确保手持工具结构完整、功能正常。

（2）保持工具清洁干燥，尤其是手柄部位，防止因手滑导致工具脱落而引发意外。

（3）采用正确的操作姿势和方法，用力均匀平稳，避免因用力过猛引发安全事故。

（4）严禁将手持工具用于非预定用途，以防止不当操作造成的意外伤害。

如图7-12（a）所示，在使用铲刀时应控制施力大小，保持适当动作频率，以减少因工具反作用力回弹而对手部造成伤害。如图7-12（b）所示，在使用辊筒刷进行涂装作业时，施加力度应均匀，操作速度不宜过快，以免涂料飞溅至面部或皮肤，造成刺激或损伤。

（a）铲刀　　（b）辊筒刷

图7-12　手持工具

（二）手持电动工具

使用手持电动工具时，应遵守以下安全规定：

（1）操作人员应认真阅读设备的使用说明书和安全操作规程，全面了解设备的性能参数和正确操作方法，并佩戴相应的个人防护装备。

（2）在潮湿、雨雪等恶劣环境下作业时，必须选用符合相应防护等级的电动工具。

（3）使用电动工具时，应确保作业人员身体及作业环境保持干燥。

（4）拔除电源插头时，应握住插头本体拔下，禁止通过拉扯电线拔下插头，以避免插头损坏或发生电气线路故障。

（5）在存在易燃易爆气体的区域内，严禁使用电动工具。

如图7-13（a）所示，在使用打磨机时，应避免用力下压，以防振动过大导致工具反弹伤及手部。如图7-13（b）所示，在使用搅拌器时，应避免在搅拌黏稠涂料时施加过大的压力，以防工具反弹造成伤害。

（a）打磨机　　（b）搅拌器

图7-13　手持电动工具

（三）机械设备

在涂料与粉刷作业中使用机械设备时，必须遵循以下规范化要求：

（1）所有机械设备的安全防护设施必须符合国家现行标准。在确保接地措施到位的基础上，应按国家或行业标准配备剩余电流动作保护器，并确保安全装置齐全有效。

（2）在机械设备运行过程中，严禁同时进行维修保养工作。一旦发现任何异常情况，应立即停机断电，然后着手排除故障。

（3）搅拌机械运行时，严禁将工具伸入搅拌筒中以扒取物料。若搅拌筒内不慎落入较大杂物，应先停机再进行检查，切勿在设备运转时手动捡拾。

（4）空气压缩机的操作区域应保持清洁、干燥。储气罐应置于通风条件良好的位置，储气罐周围15m范围内禁止进行焊接或其他热加工操作。此外，电动机及其启动器的外壳必须确保良好接地。

（5）喷涂机械应定期检查胶皮管是否有裂缝，并确保接头紧固，安全阀功能正常。在灰浆喷涂施工时，应佩戴防护眼镜、口罩和手套，避免用湿手触碰电器开关。

（6）使用高压无气喷涂泵进行易燃涂料喷涂时，必须确保喷涂泵及被喷涂物体均已接地。此外，喷涂泵不应置于正在进行喷涂作业的封闭空间内。

（7）喷枪专用的高压软管不得随意更换。软管接头应由符合规定强度的导电材料制成，且在喷涂作业期间，高压软管的弯曲半径不应小于250mm。在清洗喷枪时，应避免将涂料喷入密闭容器中。

如图7-14（a）所示，在使用喷枪作业时，操作人员应确保面部与喷枪口保持不少于800mm的安全距离，防止涂料喷溅至面部。如图7-14（b）所示，在使用弹涂设备时，应采用自上而下的操作方式，利用重力使涂料均匀附着于墙面，同时避免涂料接触操作人员的面部或皮肤。

（a）喷枪

（b）弹涂设备

图7-14　机械设备

7.1.4 用电安全措施

施工现场的临时用电工程应编制施工组织设计方案，并制定相应的安全操作规程，以确保用电作业的安全性与规范性。

（1）在进行大面积喷涂作业或在有限空间内进行涂料及防水涂层作业时，应明确划分危险区域，并选用符合规定防爆等级的电气设备。

（2）喷涂区域的照明灯具应加装玻璃罩进行保护，禁止使用塑料胶布缠绕或破损网罩作为手持照明工具。

（3）涂料粉刷施工现场使用的局部照明工作灯，其电压应根据不同作业环境合理选择。例如，在隧道、人防工程、高温导电粉尘环境或灯具安装高度低于2.4m的区域，电压不应超过36V；在潮湿环境或可能接触到带电体的场所，电压不应超过24V；在特别潮湿的环境、导电性能良好的地面、锅炉或金属容器内部，电压不应超过12V。

图7-15 施工现场配电箱

如图7-15所示为施工现场配电箱。应对配电箱进行如下检查：检查配电箱外观是否完好，是否存在破损或变形；确认箱内设备是否完好，接线是否牢固，接线接触是否良好；检查开关和保护装置是否能正常运行；检查内部线路是否存在老化或破损现象。发现异常情况时，应及时维修或更换相应部件。

7.1.5 燃爆防护措施

涂料主要由易挥发和易燃组分构成，接触火源时极易引发火灾。此外，在施工过程中，溶剂蒸气与空气混合达到一定浓度比例后，遇火源可能发生爆炸。因此，在涂装施工开始前，应组织工人接受集中式安全培训；同时，在存在易燃易爆气体的作业环境中，施工现场应安排专职安全员进行监督，并严格执行禁火规定，杜绝任何明火或火源的存在。

（一）仓库防燃爆安全

（1）涂料储存区应与涂料调配区明确分隔，并与可能产生火花的区域保持规定的防火间距。

（2）对于化学性质不相容、需要采用不同灭火方式的物品，应分别储存在不同库房内；对于在使用过程中可能发生自热或分解的物料，应采取相应的安全保管措施。

（3）涂料调配区必须配备良好的通风设施，并安装防爆型电气设备；同时，该区域内应严禁一切火源，不得作为更衣或休息场所使用。

（4）沾有涂料或稀释剂的废弃布料、棉纱团、手套及工作服等物品，应及时清理，避免随意堆放，防止因氧化反应积热而引发自燃。

（5）涂料调配人员应严格遵守操作规程，涂料调配区域不得存放超过当日使用量的原料。

（二）操作防燃爆安全

（1）涂装施工过程中，应保持良好通风，防止有害气体积聚至发生中毒甚至爆炸的危险浓度。

（2）在涂装施工现场，必须严格禁止火源存在，并应安装和使用防爆型电气设备，以保障作业安全。

（3）应避免涂装作业人员与焊接作业人员在同一作业区域同时作业，以降低交叉作业带来的安全风险。

（4）从事涂装及涂料调配作业的人员，应穿戴具备防静电功能的工作服和无金属钉底的防护鞋，以防止人体静电放电引发火花，降低火灾或爆炸风险。

（5）严禁在施工现场进行涂料分装或涂料调配操作；处理涂料或稀释剂时，应使用不产生火花材质的工具。

（6）使用化学易燃物品时，应严格执行物料与工具的限量管理制度，并配备合适的灭火器材，以控制可能发生的火灾风险。

如图7-16所示是为施工现场配置的手提式水基灭火器。该灭火器以水为灭火介质，具有无毒、无污染、环境友好等特点。喷射时，水分迅速蒸发，可快速降低火源周围温度，有效控制火势蔓延。水基灭火器适用于扑灭固体、液体、气体和电气类火灾，特别适用于扑救涂料施工中因有机挥发性物质所引发的火灾。

图7-16　手提式水基灭火器

7.2 涂饰涂装卫生知识

在进行涂刷作业时，操作工人应佩戴相应的个人防护装备，如口罩、手套、防护服等，以避免有害物质对身体的侵害。

当涂料接触到皮肤时，其中的溶剂及其他化学成分不仅会刺激皮肤，还可能通过皮肤渗透进入血液中，造成全身性健康风险。此外，施工过程中的打磨火花与飞溅颗粒也可能对皮肤造成机械性损伤。因此，在进行喷涂作业时，工人应穿戴防护手套和防护服，同时施工现场应配备紧急清洗设施。一旦涂料不慎接触皮肤，应立即使用温水或合适的清洁剂进行彻底清洗；如果涂料溅入眼睛，应立刻用大量清水冲洗至少15min，并尽快就医。

以下介绍几种处理皮肤上涂料残留的方法。

7.2.1 肥皂和水、矿物油 、酒精

（1）肥皂和水 使用肥皂和水清洗可以有效去除皮肤表面附着的较大涂料颗粒。该方法适用于多数水溶性涂料，其中一些仅用清水即可清除。但为了增强清洁效果，建议配合肥皂使用。清洗工作应尽快进行，因为涂料一旦干燥，将更难清除。如果初次清洗未能彻底去除涂料，也不必过度担心，可随后采用油类或酒精进一步处理。

（2）矿物油 若皮肤被涂料污染，可先涂抹适量矿物油。矿物油作为一种有效的清洗介质，对油性和水性涂料均有一定的去除作用。具体操作为：在受污染部位均匀涂抹矿物油，轻轻揉搓约2～3min，再以小范围旋转的方式擦拭，有助于清除涂料残留。除矿物油外，椰子油、亚麻籽油、橄榄油等植物油也可作为替代品使用，虽然其清洁效果略逊于矿物油，但仍可在一定程度上帮助去除涂料。

（3）酒精 对于难以清除的涂料残留，可使用酒精浸湿的棉球进行擦拭，也可选用质地较粗糙的旧毛巾代替。若初步处理效果不佳，可改用医用酒精或卸甲液（建议选择不含丙酮等强刺激性成分的产品）进行进一步清洁。需要注意的是，酒精具有脱脂作用，容易导致皮肤干燥甚至开裂，因此清洁完成后应及时涂抹润肤产品进行保湿。最后，还要用肥皂和清水洗净皮肤上的油脂及酒精残留，以减少对皮肤的持续刺激，并去除残留气味。

7.2.2 食用油脂或植物精华油

可使用食用油脂或植物精华油辅助去除涂料或油漆。将适量的食用油或精油涂抹于涂料污染的皮肤部位，静置片刻后擦拭并清洗干净。例如，橄榄油、椰子油以及具有清洁作用的薰衣草油或迷迭香油等，均能有效发挥清洁作用。

7.2.3 其他清洁剂

（1）洗手液 将洗手液均匀涂抹于受污染区域，并快速搓揉以产生丰富泡沫。在清洁过程中，若观察到泡沫颜色逐渐变深，接近涂料的颜色，则表明已吸附较多污染物，此时应立即彻底冲洗掉泡沫，并重新涂抹洗手液继续清洁。

（2）自制清除剂 可配制一种以天然成分为主的涂料清除剂，适用于去除喷漆等较难清理的残留。方法是将120mL椰子油或植物油与等量小苏打充分混合，搅拌均匀后，用旧牙刷蘸取该混合物，直接擦拭油漆部位。此方法不必添加其他化学试剂。

（3）蛋黄酱 蛋黄酱中含有能够软化涂料的天然成分，对油性涂料具有较好的去除效果。使用时，取适量蛋黄酱涂抹于皮肤上的油漆部位，静置2～3min后，再用肥皂和清水配合毛巾擦拭清洁。

（4）工业湿巾 推荐使用专为去除涂料设计的工业湿巾。这类产品能有效清除涂料，同时对皮肤无刺激，适合日常使用。

参考文献

[1] 建筑工人职业技能培训教材编委会．涂料油漆工[M]．北京：中国建材工业出版社，2016．

[2] 《就业金钥匙》编委会．图解涂装工技能一本通[M]．北京：化学工业出版社，2015．

[3] 刘东燕．建筑涂料油漆工基本技能[M]．北京：中国劳动社会保障出版社，2014．

[4] 宁平．涂料油漆工岗位技能图表详解[M]．上海：上海科学技术出版社，2010．

[5] 陈守兰．建筑装饰施工组织与管理[M]．北京：科学出版社，2018．

[6] 宋小平．涂料实用生产技术500例[M]．北京：中国纺织出版社，2011．

[7] 阚俊莹．装饰施工[M]．北京：中国水利水电出版社，2014．

[8] 杨丽君．装饰施工读图与识图[M]．北京：北京大学出版社，2012．

[9] 泰瑞·玛萨斯齐．木工涂装全书：从零开始真正掌握木工涂装技艺[M]．2版．李海燕，王秦辉，译．北京：机械工业出版社，2018．

[10] 边精一．中国古建筑油漆彩画[M]．2版．北京：中国建材工业出版社，2013．

[11] 赖院生，陈远吉．建筑涂料油漆工实用技术[M]．长沙：湖南科学技术出版社，2013．